自家用電気工作物の
トラブル防止対策事例

現場の
「ヒヤリ・ハット」を
まとめました

一般財団法人中部電気保安協会 著

電気書院

はじめに

　今日の日常生活や産業活動では，電気はクリーンなエネルギーとして幅広く活用され，なくてはならない便利なものになっています．

　そのため，電気設備の不具合や使用方法の誤りによる突然のトラブルは，感電や火災のような災害を引き起こしたり，故障停電して情報網が停止したり，産業活動が中断するなど社会に大きな影響を与えてしまいます．

　電気設備の保守管理に携わる電気技術者は，常に設備の状態を把握して災害や故障停電の防止に努める重要な役割を担っています．

　一人の電気技術者が遭遇するトラブルはそう多くないので，トラブルの未然防止とトラブル原因の究明プロセスについて，数多くの知見の技術継承をし，トラブルの未然防止を図る必要があります．

　電気設備の使用状況や使用環境はさまざまであり，トラブルの発生要因も多様です．電気設備の健全性維持のためには，過去に発生したトラブルについて，発生要因やトラブルに至るまでのメカニズムを把握することが大切です．

　中部電気保安協会では，トラブルが発生した都度，原因究明を図るとともにトラブルの再発紡止や未然防止に努めています．

　その中から，高圧受電設備から使用場所設備に至るまでの電気設備に発生したトラブルを対象として，発生要因やそのメカニズム，原因究明に至るまでの調査プロセスなどをわかりやすく解説するとともに，トラブルの再発防止や未然防止の諸施策についてとりまとめることとしました．

　本書が，電気保安業務に携わる方々にご活用いただければ幸いに思います．

2017 年 7 月

一般財団法人中部電気保安協会

理事長　石田篤志

目　次

波及事故とは

CASE.0　自家用電気設備における波及事故の実態とその防止対策　　2

第1編　高圧電気設備

CASE.1　高圧交流負荷開閉器の焼損による波及事故　　8

CASE.2　電線接続コネクタ部が腐食により断線　　12

CASE.3　高圧地絡継電器の動作原因不明に伴う究明（その1）　　16

CASE.4　高圧地絡継電器の動作原因不明に伴う究明（その2）　　21

CASE.5　高圧電路の絶縁監視による地絡故障の未然防止　　27

CASE.6　地絡継電器の不必要動作は意外にも「虫害」が原因！　　33

CASE.7　高圧CVケーブルの水トリー劣化故障（その1）　　37

CASE.8　高圧CVケーブルの水トリー劣化故障（その2）　　42

CASE.9　高圧CVケーブルの水トリー故障による波及事故　　46

CASE.10　高圧CVケーブル遮へい銅テープの腐食破断とその弊害　　51

CASE.11　高圧CVケーブルの劣化診断と故障の未然検出　　55

CASE.12　高圧CVTケーブル端末処理部の不具合　　59

CASE.13　高圧CVケーブル端末部のトラッキング現象　　64

CASE.14　高圧電流計切換カムスイッチの不具合による停電発生　　68

CASE.15　高圧真空遮断器の投入コイル焼損事例　　72

CASE.16　排煙が引き起こした高圧交流負荷開閉器の絶縁劣化　　77

CASE.17　高圧電線支持物の焼損　　82

CASE.18　高圧コンデンサ用限流ヒューズが突然破壊　　87

CASE.19　油入変圧器の故障（低圧巻線のレイヤショート）　　91

CASE.20　油入変圧器の故障（高圧巻線のレイヤショート）　　97

CASE.21　油入変圧器の故障（内部低圧側端子の焼損）　　104

CASE.22	直列リアクトルの高調波による障害（その1）	110
CASE.23	直列リアクトルの高調波による障害（その2）	115
CASE.24	配線用遮断器の中相接触不良	120
CASE.25	配線用遮断器の定格電流以下の電流による遮断	126
CASE.26	動力分電盤内の短絡による停電発生	133

第2編　低圧電気設備

CASE.27	太陽光発電の思いもよらない出力低下	140
CASE.28	たびたび発生する漏電の発生原因を究明その1	
	（漏電記録計による原因究明）	145
CASE.29	たびたび発生する漏電の発生原因を究明その2	
	（問診や根気よい調査による究明）	149
CASE.30	作業中に損傷させた電線から漏電	154
CASE.31	配線の劣化・損傷から生じた漏電その1（配線類の劣化）	158
CASE.32	配線の劣化・損傷から生じた漏電その2	
	（ビニルコードの劣化・損傷）	162
CASE.33	異常電圧の発生は漏電が原因	166
CASE.34	不使用機器や配線は漏電・感電のもと	171
CASE.35	電線の被覆劣化から生じた短絡故障	176
CASE.36	単相3線式開閉器中性線の接触不良による不具合事例	180
CASE.37	接触不良から生じた焼損事例	185
CASE.38	変圧器低圧側の結線誤り	192
CASE.39	単相3線式配線の中性線の接続誤り	197
CASE.40	単相負荷器具の結線誤り	201
CASE.41	電動機端子部の結線誤り	206
CASE.42	コンセントプラグの結線誤り	210
CASE.43	配線不良が招いた電圧降下による不具合事例	
	―知らず知らずのうちに過負荷―	214

CASE.44	接地（アース）線が原因となった不具合事例	218
CASE.45	感電防止には接地（アース）線の取付けを	222
CASE.46	アーク溶接機の配線不備から発熱・火花が発生	226
CASE.47	施工不備が招いたトラブル事例	232
さくいん		237

波及事故とは

CASE.0 自家用電気設備における波及事故の実態とその防止対策

電気設備の現場では，運転状況や設置されている環境・保守管理状況などが原因して，トラブルが生じることがある．トラブルの発生原因は多様であり，電気設備の現場において生じた波及事故を紹介するとともに，発生原因や防止対策などを記述する．

1 波及事故の概要

波及事故とは，高圧自家用電気設備などで発生した事故が原因となって，電力会社の配電線に波及して，他の需要家まで停電させて供給支障を生じさせる事故をいう．

波及事故が発生すると，自社の損失のみならず，他社の工場やビルなどが停電して営業停止となり，社会的に大きな影響を及ぼすものである．また，停電だけでなく機器が損壊し，修理や取り替えが必要となる場合もあり，復旧に多大な損害を被ることがある．

波及事故は設置者の責任が問われ，さまざまな損害や被害を伴う重大な事故である．

中部近畿産業保安監督部管内における過去10年間の波及事故傾向を原因別，発生機器別にみると，自家用では490件発生し，発生原因別では雷によるものは220件（45％）を占め，次いで自然劣化によるもの67件（14％），鳥獣接触によるもの50件（10％）などの順となっている．雷以外の原因として，保守不完全，自然劣化によるものが合わせて23％ほどを占めており，事故原因として大きな要因となっている（**第1図**参照）．

発生機器別では区分開閉器（PAS，AOG）で発生したものが336件と69％を占めている（**第2図**参照）．

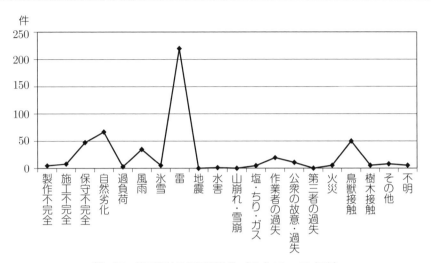

第1図 波及事故の原因別件数（平成16～25年度）

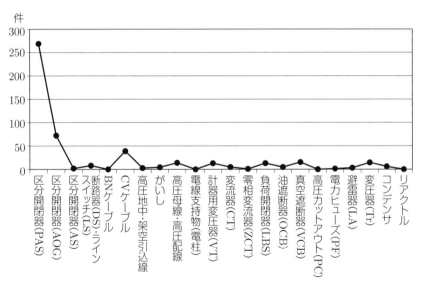

第2図 波及事故の発生機器別件数（平成16～25年度）

2 波及事故の防止対策

電気の保安については，電気事業法により自主保安，自己責任の原則を明確化し，その運用がなされているところである．また，設置者および電気施設関係者は保安確保に努めることで，地域社会における安全・安心な社会づくりに努めることとされている．

しかし，その責任を充分に果たすことなく発生している波及事故も少なくない．波及事故防止に努めることが，電気保安に携わる者の責務であり，波及事故防止のために施し得る主な対策として，以下のような施策が必要である．

(1) 雷害対策

雷害から電気設備を守る対策としては，区分開閉器の近傍に避雷器を設置することが有効である．電気設備技術基準では，「高圧架空電線路から供給を受ける受電電力が500 kW以上の需要場所の引込口」には，避雷器の設置を定めているが，例え500 kW未満の設備であっても，避雷器を設置することが雷害防止のためには効果的である．

(2) 他物接触対策

ねずみやへびなどの小動物がキュービクル内に侵入する事例が，毎年のように発生している．小動物の侵入防止のため，通気に配慮しつつ侵入するおそれがある穴や隙間，ケーブル貫通部などはパテなどで侵入口を塞ぐ措置が必要である．

(3) 自然劣化による故障の未然防止対策

使用環境にもよるが，一般的に使用期間が長くなった機器は劣化により，事故を起こす危険性が高まる．日本電機工業会において汎用高圧機器の更新推奨時期が推奨されている．

年次点検などにより絶縁抵抗測定を行って，毎年の劣化傾向を管理するとともに，更新推奨時期も考慮しながら，計画的に設備更新を行うことが必要である．

⑷　保護装置の動作確認

　保護継電器の保護範囲内で発生した事故には，操作電源の喪失や開閉器の操作機構の不良を原因とする事故が散見されている．

　定期的に外観点検，遮断器の連動動作試験によって動作状況の確認を行い，保護継電器と遮断器の連動作動を適切に維持していく必要がある．

　一方，電気設備に異常が発生して保護継電器が正常動作したにも関わらず，十分な調査を行わないまま作業者が開閉器の強制投入を行ったため，波及事故に至った事故が発生している．保護継電器の作動要因を確認したうえで故障原因を除去して，保護継電器の操作電源の有無を確認したうえで，正しい手順により設備を復旧させることが，肝要である．

〔参考文献〕
⑴　中部近畿産業保安監督部電力安全課　電気事故統計抜粋
⑵　日本電気協会資料

第1編 高圧電気設備

CASE.1 高圧交流負荷開閉器の焼損による波及事故

　台風による暴風時に構内第1柱のSOG[i]制御装置付柱上気中開閉器（以下，「PAS」という）が内部焼損して，電力会社変電所の過電流継電器（OCR），地絡方向継電器（DGR）の動作により波及事故に至った．

　高圧自家用電気設備内ではPASのほか，構内第1柱側の引込みケーブル端末部が焼損しており，PASおよび引込みケーブルの焼損原因を調査した．この結果，ケーブル端末部では経年劣化に伴う異相地絡が生じ，異相地絡によってPASには過大電流が流れたため，PAS内部がせん絡したと推断できた．

　以下に調査結果および波及事故に至った原因などを記述する．

1　引込みケーブルの故障原因

　引込みケーブル（構内第1柱側）各相の端末部の沿面には，多数のリーク痕跡が生じていたが，絶縁体である架橋ポリエチレン表面にはリーク痕跡はなく，リーク痕跡の発生は，ケーブル端末部に限定していた．

　設備の使用場所は塩害地区であり，ケーブルの使用年数が13年を経過していることから，経年使用に伴う端末部沿面に付着した塩分やじんあいによる汚損が原因したトラッキング発生から，ついには地絡故障へ発展したと推断した（**第1図参照**）．

2　PASの内部の調査結果

　R相，S相の可動接触子，固定接触子および消弧室は焼損やすすの付着による黒化が著しかったことから，R相，S相の接触子において能力以上の過大電流を開放したことが推断された（**第2図参照**）．

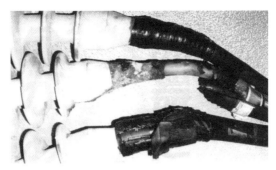

第1図 ケーブル端末部の焼損状態

第2図 接触子の焼損状態

　PAS内部の電源側口出し線は，接続端子から3相とも溶断しており，PAS内部の壁面には溶断した口出し線の接触によると思われるアーク痕跡が生じていた．PAS内部は全域にわたってすすが付着していた（**第3図**参照）．

3 PAS内部の焼損および波及事故原因

　PASに設置された地絡継電器は（GR）地絡検出表示を示していたことから，地絡検出によりPASは開放動作を行っていたが，動作途中にR相，S相の電流が急激に増加したため，PASは過大電流を伴う開放となった．このため，PASは能力以上の電流を遮断することになったが，結果として遮断不能に陥った．遮断不能に陥ったことに起因して，消弧室より吹き出したイオン化ガスがPAS内部に充満したため絶縁破壊に至り，対接地

第3図　絶縁破壊した内部状態

間および相間短絡に移行した．

　PASは，地絡検出に伴うトリップ信号の出力後，10〜30 ms以内で短絡事故が生じた場合は，SO動作[ii]に移行できず過大電流を開放することになり，この間は過電流遮断危険域とされている．

　前述のように，PAS内部にて絶縁破壊したことや溶断した電源側口出し線が，PAS内部の壁面に接触したことが相まって，電力会社変電所の保護継電器が動作した．

　その後，電力会社変電所にて再閉路により送電されたが，PAS内部の絶縁状態は回復していなかったこと，および溶断した電源側口出し線がPAS内部の壁面に接触状態にあったことが原因となり，再び電力会社変電所の保護継電器動作により波及事故に至ったと推断した．

4　PAS内部の焼損を生じた過大電流の発生原因

　すでに沿面劣化が進行していた引込みケーブル端末部は，台風による暴風雨の影響により地絡故障が生じた．これに伴って，地絡故障が生じた相以外である相の対地電圧が上昇した．ゆえに，他相においても故障が生じやすくなったことから，他相において地絡故障が生じたため異相地絡故障

（短絡状態）となり，PAS には過大電流が通電した．

引込みケーブル端末部のうち R 相と S 相の焼損が進行しており，かつ PAS 内部のうち R 相と S 相の焼損が著しいことから，異相地絡はケーブル端末部の R 相と S 相間にて生じたと推断できた．

5 防止対策

PAS の開放は機械的操作機構によるため，まれな事例ではあるが，上記のような現象は生じ得る．

波及事故の発生原因は，引込みケーブル端末部の沿面劣化による異相地絡に起因しており，ケーブルの使用年数は 13 年を経過していることおよび塩害地区での使用であることから，点検時には，端末部など劣化進行の懸念される部位は重点的に点検を行うことが，防止対策として重要である．

(i) **SOG**（Storage Overcurrent Groundtype の略）
　「SO（過電流蓄勢トリツプ）」と「GR（地絡トリツプ）」の二つの機能を有した継電器であり，PAS と組み合わせて使用される．
(ii) **SO 動作**
　高圧自家用電気設備内にて短絡事故が生じた場合に，無電圧になってから，PAS を開放させるための動作である．
　PAS 本体は，短絡電流を遮断する遮断容量を有してないため SO 動作によって PAS を開放させる．以下に SO 動作により PAS を開放するまでの順序を示す．
① 高圧自家用設備内にて，短絡事故などが生じて PAS に過大電流が通電した場合は，PAS 内部の過電流検出素子によって，PAS を開放せずにロックする．
② 過大電流の通電により，電力会社変電所の保護継電器が動作して配電線は停電する．
③ 配電線の停電により，PAS は無電圧状態になる．
④ PAS が無電圧であることおよび PAS の過電流素子が動作したことを条件として，SOG 内部のコンデンサに蓄えられた電荷をトリップコイルへ放電して，PAS を開放する．

電線接続コネクタ部が腐食により断線

　高圧自家用電気設備において，電柱上に設置された高圧電線接続用コネクタ（以下「コネクタ」という.）およびコネクタ付近の金属部材の発錆腐食が甚だしく進行したため，コネクタにより締め付けられた電線が断線して停電故障になった.

　再発防止に資するため，腐食断線した原因を調査した．この結果，腐食断線の原因は設備が海岸近くにあること，および付近からの排煙の影響によることが判明した．

　以下に，設備の使用状況や腐食断線に至った要因および再発防止策などを記述する．

1　コネクタの使用状況

　当該設備は，海岸線から500 mほど離れた場所に設置されており，近隣には重油を燃焼するボイラが設備されていた．また，海からの潮風およびボイラ排煙にあおられる環境下にあり，使用年数は23年を経過していた．

2　発錆腐食の状態

　コネクタは高圧開閉器負荷側電線の接続用として使用されていた．発錆腐食はコネクタのほか，高圧開閉器および高圧開閉器を取り付けている腕金類一体へ及んでおり，腐食は著しく進行していた．**第1図**にコネクタの発錆腐食した状態を示し，**第2図**に当該設備の概要を示す．

第1図 コネクタの腐食状態

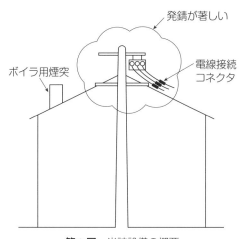

第2図 当該設備の概要

3　コネクタおよび断線箇所の錆に含まれていた成分

　発錆腐食の原因究明に資するため，コネクタおよび断線箇所に生じた錆の成分を分析調査した．この結果，コネクタの構成部品や電線の断線箇所から塩素（Cl），硫黄（S）が検出された．これらの成分が生成する原因として，海岸からの潮風によって運ばれる海塩粒子やボイラにて燃焼する重油の排煙に含まれる硫黄分の付着が考えられた．

4 腐食（錆）の発生要因

前述に記載のように，コネクタ類には発錆腐食が著しく進行しており，コネクタを構成している亜鉛めっきや圧延鋼材（鉄）および電線に発錆が生じる要因は，以下のようである．

⑴ 亜鉛めっきの腐食

亜鉛めっきの耐食性は降雨量，風向，亜硫酸ガス量，海塩粒子濃度などの影響を受けて低下する．ゆえに，一般的な傾向として工業地帯では，排煙に伴って大気中に放出される硫黄を含んだ亜硫酸ガスや，海岸地域では潮風によって運ばれる海塩粒子の影響により，亜鉛めっきの腐食速度は増していき耐用年数は短くなる．

亜鉛めっき皮膜の大気暴露試験結果を総合して，環境別にその耐用年数を推定した結果を**第1表**に示す．

第1表 各種環境下における亜鉛めっきの推定寿命

（亜鉛目付量 Z27：両面 275 g/m² min）

使用環境	田園	海岸	都市	工業
耐用年数	10 ～ 12	6 ～ 10	7 ～ 9	3 ～ 4

出典：新日鐵住金㈱「溶融亜鉛めっき鋼板の耐食性について」

当該設備は海岸線から 500 m ほど離れたところに設置されていることから，大気中に含まれている海塩粒子および近隣に設備されたボイラからの排煙による影響を受け，これらの影響が複合的に重合してコネクタに施された亜鉛めっきの腐食は早まったと推断する．

⑵ 圧延鋼材（鉄），電線の腐食（錆）

金属が水分との化学反応によって，表面から浸食していく現象が腐食（錆）である．錆の発生には，金属表面に水分が存在することが必要条件であり，水分量が低下すれば腐食速度も低下する．また，鉄は塩化物イオン（Cl⁻）によって，局部腐食作用を受けることにより腐食が激しく進行する．海水は塩化物イオン（Cl⁻）を含んでおり，海岸近くでは海塩粒子

が潮風によって運ばれるため，鉄鋼の腐食速度は増す．

(3) 異種金属の接触腐食

　湿性環境下では炭素鋼が他の金属に接触している場合，イオン化傾向[i]が卑な方の金属の腐食が加速され，貴な方の金属は逆に腐食が抑制される．これを異種金属接触腐食といい，コネクタ部材およびコネクタにて締め付けられている電線は，異種金属によって構成されており，発錆腐食原因の一因になっている．

5　電線断線の原因

　当該設備の使用は，海岸近くでありかつ近隣にはボイラによる排煙があることから，金属部材の発錆腐食の進行しやすい環境下での使用であった．このような使用環境においては，海から運ばれる海塩粒子や排煙による影響が相乗して重なり合い，経年（使用年数23年）のうちに発錆・腐食は進行した．さらには，暴風等の強風にあおられて電線のちぎれが進み，ついには断線に至ったと推断する．

6　防止対策

　今回の事例のように海岸部の工業地帯では，設備の発錆腐食は予想以上に早く進行する．日常の点検では発錆腐食に留意した点検を行うとともに，錆が生じていれば機器や部品等の取り替えを検討することが，故障の未然防止として必要である．

〔参考文献〕
(1)　日本プラントメンテナンス協会実践保全技術シリーズ編集委員会編「防錆・防食技術」，日本プラントメンテナンス協会，1999

　(i)　**イオン化傾向**
　　金属が水または水溶液中において電子を放出し，陽イオンになろうとする性質をイオン化傾向といい，その序列の中で高い電位に位置するものを「貴」，低い電位に位置するものを「卑」な金属と呼ぶ．

CASE.3 高圧地絡継電器の動作原因不明に伴う究明（その1）

　高圧自家用設備にて，地絡継電器が3か月ほどの間に5回動作する停電故障を生じたが，何れも原因不明であった．地絡継電器の動作原因を究明するため，高圧回路絶縁の常時監視を行った．

　監視の結果，微小地絡を検出したため，検出記録を基にした現場調査を実施したところ，地絡故障の発生原因はコンクリート柱上に施設された高圧架空電線が，降雨と相まった強風にあおられて，コンクリート柱へ接触することが判明した．以下に監視記録および防止対策などを記述する．

1　当該設備における地絡継電器の動作状況

　当該設備は第1〜第3まで3箇所の副変電設備（キュービクル）を有しており，受電設備からは3箇所の副変電設備を一括する遮断器によって，送り出されている．

　この遮断器には地絡継電器が設置されており，地絡継電器の動作に伴い，第1〜第3副変電設備までの全域に停電をもたらした．

2　高圧電路の絶縁監視範囲と監視方法

(1) 高圧電路の絶縁監視範囲

　地絡継電器の動作原因究明に資するため，第1〜第3副変電設備の全域に電気を供給している受電設備からの送り出し遮断器以降の高圧設備を，高圧絶縁の監視範囲とした．

(2) 高圧電路の絶縁監視方法

　高圧電路の絶縁監視は，高圧地絡故障判別装置（以下「同装置」という．）を用いて行った．同装置は，高圧受電設備の送り出しケーブル本体および

同ケーブルのシールド接地線に，分割型の零相変流器を設置して微小地絡電流の常時監視を行い，絶縁低下などにより地絡が生じたとき地絡電流を検出するとともに，地絡電流の発生区間を「送り出しケーブル電源側」，「送り出しケーブル内」，「副変電設備側」の3区間に区分判別する装置である．

第1表に同装置の整定値を示し，**第1図**に同装置の取り付け図および

第1表 高圧地絡故障判別装置による常時監視の整定値

常時監視の区間	ケーブル内 (受電設備 〜 副変電設備)	変電設備内 (第1〜第3副変電設備一括)
整定電流	30 mA	100 mA
整定時間	\multicolumn{2}{c}{50 ms}	

※同装置は「ケーブル内」および「変電設備内」のそれぞれについて電流整定が可能

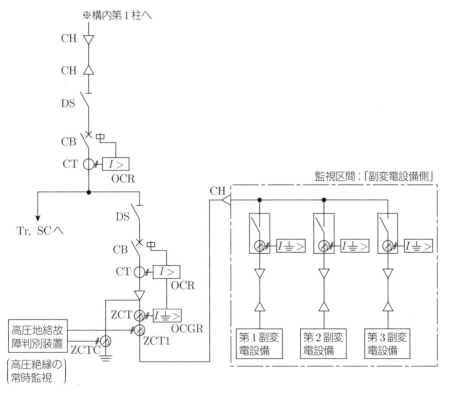

第1図 高圧地絡故障判別装置の取付け図（監視時期：9月24日〜10月1日）

「副変電設備側」の監視区間を示す．

3 高圧地絡故障判別装置による検出記録

同装置による高圧絶縁監視を行った1週間ほどの間に，8件の地絡電流を検出した．**第2表**に検出記録を示す．地絡検出した区間は「副変電設備側」であり，受電設備から第1〜第3副変電設備への送り出しケーブルの負荷側以降にて，生じた地絡であることが判明した．

また，検出電流値は地絡継電器の整定値（0.4 A）以下であり，地絡継電器の動作に至らない微小地絡の域であった．**第2図**に検出した電流波形

第2表 高圧地絡故障判別装置による検出記録

	検出日時		検出電流	地絡の継続時間	天候
1	9月26日	14時29分42秒	150 mA	420 ms	雨
2	9月26日	14時29分45秒	190 mA	350 ms	雨
3	9月30日	11時04分45秒	116 mA	660 ms	暴風雨
4	9月30日	11時04分48秒	146 mA	350 ms	暴風雨
5	9月30日	11時04分51秒	139 mA	900 ms	暴風雨
6	9月30日	15時19分56秒	307 mA	175 ms	暴風雨
7	9月30日	15時19分58秒	376 mA	76 ms	暴風雨
8	9月30日	15時20分44秒	212 mA	200 ms	暴風雨

備考：1〜8の地絡検出区間は，いずれも「副変電設備側」

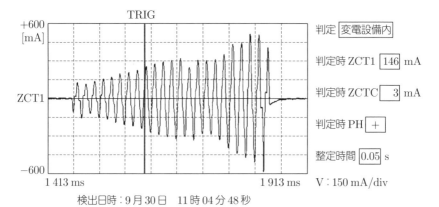

検出日時：9月30日　11時04分48秒

第2図 地絡検出した電流波形（検出電流：146 mA　地絡の継続時間：350 ms）

の一例を示す.

4 高圧地絡故障判別装置により地絡検出した原因

同装置による地絡検出記録から，以下のことが判明した.

① 地絡は受電設備より，第1～第3副変電設備への送り出しケーブルの負荷側以降にて発生していた.（監視区間：副変電設備側）

② 地絡の発生は，降雨時であり，かつ風の強い日時に集中していた.

③ 地絡電流は地絡発生の直後から経時とともに増加する傾向にあり，時々刻々と変動していた.

④ 地絡の継続時間は数十～数百 ms ほどであり，発生と消滅を数秒単位で繰り返していた.

以上のような地絡発生の様相から，地絡は降雨と相まった強風の影響を受けて生じたことがわかった.

こうした観点から設備の目視点検を行ったところ，副変電設備へ至るコンクリート柱上にて，高圧架空電線が風にあおられてコンクリート柱本体へ接触することが判明した．同装置による地絡検出記録および目視点検結果から，地絡の発生は，南東向きの「強風」とコンクリート柱の降雨による「湿り具合」の条件がそろい，かつ高圧架空電線が強風によって，コンクリート柱に押し付けられたときに発生したようであった.

5 防止対策

地絡発生の防止対策として，強風にあおられて高圧架空電線がコンクリート柱本体へ接触しないように，コンクリート柱上の高圧架空絶縁電線をがいしにて支持固定した.

施工時には，コンクリート柱上の高圧架空電線は，安全な離隔距離を保持して工事されていたものの，強風時におけるコンクリート柱本体への接触まで想定されていなかったと思われる.

施工時には，強風時に生じる状態などを想定した工事を施すことが肝心

である．

【参考】 今回紹介した事例は，高圧架空電線のコンクリート柱への接触による微小地絡の検出事例であるが，ほかにも次のような事例（短時間地絡）があるので追記する．

・高圧架空電線の架空地線への接触

　第3図は，台風の強風により受電設備から副変電設備送りの高圧架空電線の支持が外れ，あおられた結果，架空地線に接触して地絡発生した電流波形を示す．地絡の継続時間は65 msほどであり，区分開閉器（構内第1柱）の地絡継電器動作はなかった．

　地絡発生には，地絡の継続時間が地絡継電器動作に至らない場合もあり，高圧絶縁監視として，検出時間を短く（50 ms）とすることにより，故障の未然検出の効果を高めることができる．

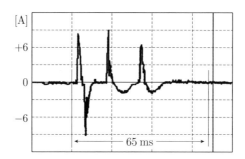

第3図　架空地線の接触による地絡波形

CASE.4 高圧地絡継電器の動作原因不明に伴う究明（その２）

　電気故障はさまざまな要因や形態から発生し，停電故障のうち地絡継電器や地絡方向継電器の動作によるものが，6割ほどを占めている．

　特別高圧受電設備において，高圧変電設備へ送り出しているフィーダ遮断器（52F1）が，地絡方向継電器（以下，「DGR」という）の動作により連動遮断したが，DGRの動作原因は不明である事象が生じた．突然の停電は，工場の生産ラインが停止するなど大きな損害を被るため，早急に原因を究明して，停電の再発防止策を図ることを求められた．

　DGRの動作原因を究明するため，高圧電路の絶縁監視を行うことにした．絶縁監視中に遮断器が連動遮断（DGR動作による）したため，得られたデータを基にして現場調査したところ，DGRの動作原因は，変圧器内部への水分混入によると推断した．以下に原因究明の概要および停電の再発防止策などを記述する．

1　高圧電路の絶縁監視方法

　フィーダ遮断器（52F1）がDGRの動作により連動遮断したため，設備点検を実施したが，原因の特定に至らなかった．DGRの動作原因は誤動作によるものか，高圧設備に生じた不具合によるものか，不具合による場合はどの部位にて生じたかを究明することが，故障復旧のため必要である．DGRの動作により連動遮断したフィーダ遮断器以降の設備範囲は広く，2か所に変電設備を有している．今後，地絡が発生した場合に地絡の発生区間を特定して原因究明に資するため，高圧絶縁監視として中部電気保安協会にて開発した高圧地絡故障判別装置（以下，同装置という）を用いた．

同装置は，フィーダ遮断器以降から変電設備への送り出しケーブル本体および同ケーブルのシールド接地線に分割型の零相変流器を設置して，絶縁低下などにより地絡が生じた場合に，地絡電流の発生区間を「送り出しケーブル電源側」，「送り出しケーブル内」，「変電設備内」の3区間に区分判別する装置である．**第1図**に，高圧絶縁監視の設備概要および同装置の取付け図を示し，**第1表**に同装置による監視区間と整定値を示す．

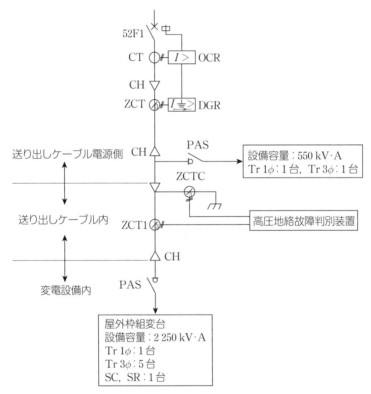

第1図 高圧電路の絶縁監視した設備概要

第1表 高圧地絡故障判別装置による常時監視の整定値

常時監視の区間	送り出しケーブル内	変電設備内
整定電流	200 mA	100 mA
整定時間	100 ms	

※同装置は「送り出しケーブル内」および「変電設備内」のそれぞれについて電流整定が可能

2 高圧電路の絶縁監視結果

同装置を設置して高圧絶縁監視を開始してから，2日後に再びフィーダ遮断器（52F1）がDGRの動作により連動遮断した．このとき，高圧地絡故障判別装置も地絡検出しており，地絡検出区間として「変電設備内」を表示した．

上記，絶縁監視の結果からDGRの動作原因は「変電設備内」にて生じた地絡故障であると断定した．

3 「変電設備内」の調査結果

地絡検出した「変電設備内」は屋外の枠組変台による設備であり，停電して高圧母線のがいしや開閉器および各機器（変圧器，コンデンサ，リアクトル）のブッシングを点検したが，地絡発生の痕跡は生じていなかった．ゆえに，地絡は機器内部から生じたと限定した．

設備されている他機器と比較して絶縁抵抗値が低下（13 MΩ）していた変圧器を内部点検のためつり上げたところ，水滴や錆が堆積しており，巻線にはスラッジが付着していた（**第2図参照**）．また，変圧器上ぶたのパッ

タップ板上に堆積した錆　　水滴

第2図 変圧器をつり上げた状態

第3図 変圧器上ぶたのパッキン

第4図 変圧器上ぶた内側に生じた錆(変圧器をつり上げ状態にして上ぶた内側を撮影)

キンは,劣化進行して亀裂が生じ損傷していた(**第3図**参照).変圧器上蓋の内側には錆が生じており(**第4図**参照),亀裂損傷したパッキンから雨水が浸入した様相が伺えた.

4 変圧器の絶縁低下およびDGR動作の原因

(1) 変圧器の絶縁低下

変圧器が絶縁低下した原因は,内部への水分混入およびスラッジが生成

して巻線へ付着したことに起因しており，水分混入およびスラッジ生成の要因として以下が考えられる．

① 雨水の浸入

変圧器の上ぶたパッキンは劣化損傷しており，上ぶた内側の錆が付着している辺りから，変圧器内へ雨水が浸入した．

② 呼吸作用による湿気，酸素の吸収

油入変圧器では呼吸作用により，外気中の湿気や酸素を吸収して絶縁低下の要因になる．

③ 絶縁油の経年使用による水分，スラッジの生成

絶縁油は経年使用によって酸価が進むとともに，絶縁油中には水分とスラッジが生成される．当該変圧器（$3\phi\,150\,\mathrm{kV \cdot A}$）の使用年数は 19 年を経過しており，経年とともに水分，スラッジが生成され徐々に増加した．

(2) **DGR 動作の原因**

DGR の動作原因は，絶縁油中のスラッジ生成による絶縁低下のほか，以下のように混入した水分（水滴）の挙動によると推察した．

変圧器が停止しているときは，内部に存ずる水分は水滴となって静止沈滞する．変圧器が稼動して絶縁油の対流が始まると静止沈滞していた水滴は対流とともに動き出す．動き出した水滴が高圧巻線と低圧巻線や外箱間を伝って地絡発生になり，DGR 動作した．

当該変圧器を取り替えたのち，3 か月間ほど同装置による高圧電路の絶縁監視を継続したが，同装置による地絡検出はなかった．

5　再発防止策

外見では，異常が見受けられない変圧器においても内部は劣化が進んでいる場合がある．

変圧器の内部点検時には，パッキンの劣化状態やスラッジ生成を確認するとともに，定期的な絶縁油試験（全酸価測定，水分測定など）を実施して，保守管理に努めることが防止策として重要である．また，点検後の上

ぶたを締める場合は，適正な締付トルクにて締め付けることが，雨水浸入やパッキンの劣化防止として大切である．

　今回の事例は，発生した地絡が一過性であったため，DGR動作に伴う現場調査に訪れたときには故障点は回復しており，原因の特定に至らなかったケースであった．原因究明のため高圧絶縁監視を行い，地絡発生した一時の事実として発生時間，発生区間などを捕えることにより，原因究明の有力な手がかりを得ることができた．原因究明として，高圧絶縁監視は有効であり，今後とも活用していきたい．

〔参考出典〕
　石油学会編「電気絶縁油ハンドブック」，講談社，1987

CASE.5 高圧電路の絶縁監視による地絡故障の未然防止

電気故障は予期せぬときに生じ，今日の情報化社会では，突然の停電は情報ネットワークが停止するなど，大きな影響を与える．高圧自家用電気設備にて故障の前触れを未然検出して，事前の対策を施すことができれば故障の未然防止として有益であり，望まれるところである．

以下に，高圧電路の絶縁監視にて地絡継電器の動作に至らない微小地絡を未然検出して，事前の対策を施すことにより停電故障の防止に資した事例を記述する．

1 高圧電路の絶縁監視方法

高圧電路の絶縁監視は，高圧地絡故障判別装置（以下，同装置という）を用いた．同装置による高圧絶縁の監視は，零相変流器2台の組合せ使用によるものであり，絶縁低下などにより地絡発生した場合には地絡電流を検出するとともに，発生区間を「変電設備内」，「引込みケーブル内」および「引込みケーブル電源側」の3区間に区間判別する．第1図に同装置による監視区間を示し，第1表に同装置の整定値を示す．

2 地絡継電器の動作に至らない微小地絡を未然検出した事例

(1) 装置の動作状況（地絡検出）

主任技術者が月次点検にて同装置が地絡検出していることを確認した．早速，同装置のメモリに記憶した地絡検出記録から地絡発生の詳細情報を抽出した．第2表および第2図（地絡電流波形）に地絡検出の詳細を示す．

検出した地絡電流は61 mAであり間欠的に生じていた．また，継続時間は0.1 sほどであることから，地絡継電器（整定値：動作電流0.2 A，

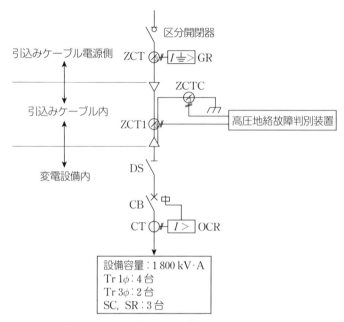

第1図　高圧地絡故障判別装置による監視区間

第1表　高圧地絡故障判別装置による常時監視の整定値

常時監視の区間	引込みケーブル	変電設備内
整定電流	100 mA	30 mA
整定時間	50 ms	

※同装置は「送り出しケーブル内」および「変電設備内」のそれぞれについて電流整定が可能

第2表　地絡検出データ

検出時間	午前1時44分
検出区間	変電設備内
検出電流	61 mA
地絡の継続時間	0.1 s ほど

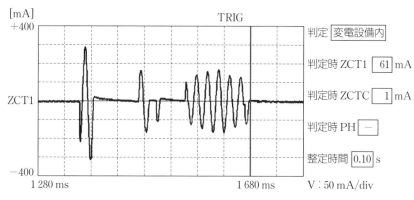

第2図　地絡検出した電流波形

動作時間0.2 s）の動作に至らない微小地絡であった．地絡の検出は深夜（午前1時44分）であることおよび地絡電流波形の様相から，地絡検出した原因はネズミなどの夜行性の小動物が，高圧の充電部に接触したことによると推察した．

(2) 地絡の発生原因と再発防止対策

　キュービクル内部を点検したところ，変圧器盤内の床にネズミの死骸が発見された（**第3図**参照）．周囲を確認したところ，ケーブル挿入部に小

第3図　高圧充電部に接触したネズミの死骸

さな隙間があり，ここからネズミが侵入しケーブルを伝って変電設備内へ入り，変圧器用負荷開閉器（LBS）の充電部に接触したために地絡発生したと推察した．早速，停電してケーブル挿入部の隙間をコーキング処理し，ネズミ等の小動物が侵入できないようにした．その後，変電設備内の地絡電流は検出されていない．

【補足】　この事例のほか，CASE.3，CASE.4 に記載した事例のように，地絡故障発生時の迅速な原因究明による復旧の効率化や再発防止策を図ること，および地絡故障に至る前触れを事前に検出して未然防止することは，電気保安技術として有用である．地絡故障時の原因究明や故障の未然検出に資する方法として「高圧地絡故障判別装置」による常時監視に委ねた．

　以下に，高圧地絡の常時監視（高圧絶縁監視），「高圧地絡故障判別装置」などについて補足する．

(1) 高圧地絡の常時監視（高圧絶縁監視）による効果

　高圧地絡故障は，突発的に生じる地絡，有機絶縁物の表面劣化のように徐々に劣化が進行していき，やがて地絡故障に至るものなど発生要因はさまざまである．

　また，地絡発生には CASE.3 や本稿に記述したように，地絡継電器の動作に至らない域に留まる場合もある．年間を通じれば，梅雨時や台風シーズンは電気設備にとっては過酷な使用環境下にあり，地絡故障の未然検出として，一層の検出効果を高めるには，設備稼動時の常時監視（高圧絶縁監視）を継続することにある．

(2) 高圧地絡電流波形と故障原因の判別

　地絡故障時の電流波形は，故障原因により特徴が著しく表れており，次の三つに大別される．

① 　地絡点のギャップ部が小さい漏えい性の地絡は，正弦波に近い波形となる．

② 　地絡点でギャップ放電となる場合は，三角波状の波形となる．

③　ギャップの長さが長くなり間欠的な放電となる場合は，針状波状となる．

　以上のように，地絡電流波形の特徴は，地絡点充電部と接地極間のギャップに関係することが研究により知られている．地絡電流波形の観測により，地絡発生時における地絡点の様相を推察できる．

(3) 高圧地絡故障判別装置（零相変流器 2 台の併用使用による高圧絶縁診断）

　同装置は，高圧受電設備の引込みケーブル本体および同ケーブルのシールド接地線に，分割型の零相変流器を設置して高圧絶縁の常時監視を行い，絶縁低下などにより地絡が生じたとき，併用する双方の零相変流器で検出する電流の大きさと位相を複合的に判別することにより，地絡電流の発生区間を「引込みケーブル電源側」，「引込みケーブル内」，「変電設備内」の3区間に区分判別することができる（**第4図**参照）．

　また，同装置は，前述のように地絡波形の形態（漏えい性の地絡・放電を伴う地絡）を知ることにより，地絡の発生原因を推察することができる．

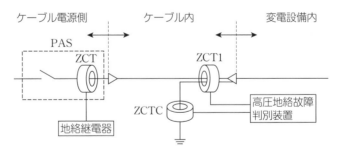

第4図　零相変流器取付図（出典：高圧受電設備規程）

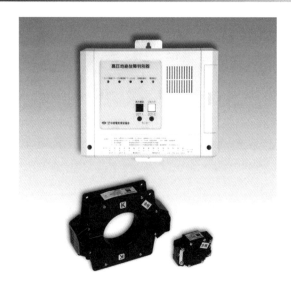

第 5 図　高圧地絡故障判別装置および零相変流器

〔参考出典〕
(1)　「生産と電気」，日本電気協会，2010.7
(2)　渡邊誠ほか「配電線地絡故障時の波形と原因判別法」，電気学会論文誌 B，115 巻 1 号，1995
(3)　需要設備専門部会編「高圧受電設備規程：JEAC 8011-2014」，日本電気協会，2014

CASE.6 地絡継電器の不必要動作は意外にも「虫害」が原因！

　高圧自家用電気設備にて，構内第1柱に設置された地絡継電器の動作により，区分開閉器（PAS）が開放して，全停電となる事象が毎年9月に2年連続して発生したが，いずれも動作原因は不明であった．地絡継電器の動作原因を究明するため，高圧設備を点検したが異常は見受けられなかった．動作原因として地絡継電器の不必要動作が疑われたため，地絡継電器を代替品と交換して持ち帰り調査した．

　調査の結果，地絡継電器の動作原因は基板内へのアリの侵入によることが判明した．

　以下に，アリが侵入した経路および防止対策などを記述する．

1　地絡継電器動作時の状況

　地絡継電器動作時の現地調査などにて，次の事柄を確認した．
・地絡継電器箱内にはアリが侵入していた．
・地絡継電器の動作時には地絡継電器にターゲット表示は生じていたが，電力会社の配電変電所にて零相電圧は検出されなかった．
・地絡継電器の性能試験は正常であった．
・地絡継電器動作後の点検では，飛来物や鳥獣接触の痕跡はなかった．
・当該設備は竣工して2年ほどであり，設備に著しい劣化は見られない．

2　地絡継電器の調査結果

　地絡継電器動作時の状況から，動作原因は地絡継電器本体の不具合（誤動作）が疑われたため，地絡継電器本体を取り外して持ち帰り調査した．

　地絡継電器の上ぶたを外して，基板上をつぶさに観察したところトラン

付着していたアリの死骸

第1図　トランジスタの付け根部分に付着しているアリの死骸

ジスタの付け根部分に付着しているアリの死骸を発見した（**第1図**参照）．また，基板上にはアリの排泄物（酸）による痕跡が残っていた．

3　地絡継電器の動作原因と防止対策

　地絡継電器を調査した結果から地絡継電器の動作原因は，アリの基板上への侵入による不必要動作であると推断した．

　アリの長さは2mmほどであり基板上へ侵入する経路として，地絡継電器表面の整定電流切換スイッチ軸とパネル穴との隙間，および電源ランプとパネル穴との2箇所が考えられた（**第2図**，**第3図**を参照）．

　アリの侵入防止として，地絡継電器底部の電線挿入口をコーキング処理等にてふさぐことにより効果を得られるが，地絡継電器本体には次の対策により，基板上へのアリの侵入を防ぐことができた．

・整定電流切換タップ軸に対して，十分に小さい隙間をもつシールの貼り付けにより隙間をふさぐ．
・パネル面と電源ランプの隙間を極力小さくする．

　今回の事例以外にも，他所にて同様の誤動作は発生しており，いずれも

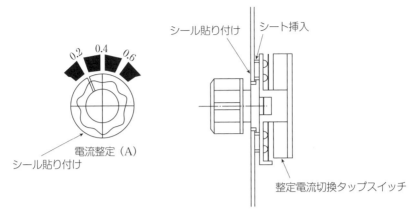

第2図 整定電流切換タップ軸の隙間をシールの貼付けによりふさいだ

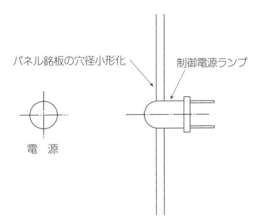

第3図 電源ランプ部の隙間は極力小さくした

夏季で,雨上がりの1~2日後に生じていた.なお,地絡継電器が設置された構内第1柱下は,土や草むらであることが共通していた.

【参考】 アリの侵入による継電器の誤不動作

アリの侵入による支障では,前述のように地絡継電器が不必要動作したほか,地絡継電器が動作しなかった誤不動作の事例があり,以下に紹介する.

アリが基板上のリレー内部へ侵入し,**第4図**に示すようリレー接点に挟

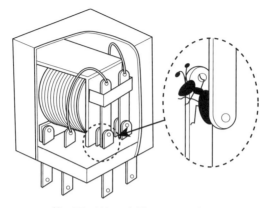

第4図　リレー内部へのアリの侵入

まれたため，リレーより出力信号を出すことができなくなり，地絡継電器は誤不動作となり波及事故に至った．小さなアリの侵入ではあるが，波及事故という重大事故を引き起こすおそれがあり，地絡継電器へのアリの侵入には，十分な注意を払う必要がある．

高圧CVケーブルの水トリー劣化故障（その1）

　高圧ケーブルは絶縁体にポリエチレンを架橋する技術が導入されて以来，高圧CVケーブルとして普及の一途をたどり，現在使用されている高圧ケーブルの大半がCVケーブルである．CVケーブルは高い絶縁性能を有する一方で，水トリー劣化（絶縁体に樹枝状の欠陥が生じる絶縁劣化現象）という大敵をかかえている．

　本稿では，水トリーの発生要因や劣化診断法およびケーブル端末部の三叉管亀裂による雨水浸入により，故障に至ったケーブルの劣化状況などを記述する．

1　水トリーの発生要因と種類

　水トリーは，長時間にわたってケーブルの絶縁体に水が共存する状態において，内部および外部半導電層に電極不整（半導電層テープのけば立ち等により生じる）がある場合に，交流電圧が印加され局部的に電界が強まることにより，発生して進行する．

　また，絶縁体内にボイドや異物があると，電界方向に蝶ネクタイ状の水トリーが発生する．

　前者の内部半導電層から発生するトリーを内導トリー，外部半導電層から発生するトリーを外導トリーと称し，後者をボウタイトリーと称している．

　第1図に高圧CVケーブルの構造を示し，第2図に水トリーの種類を示す．

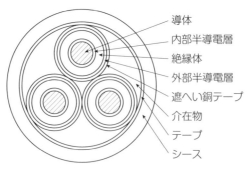

第1図 高圧CVケーブルの構造

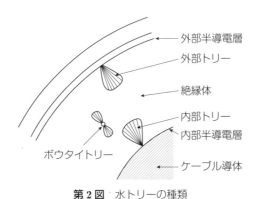

第2図 水トリーの種類

2 劣化診断方法

高圧CVケーブルのおもな劣化診断法を以下に示す.

停電診断法のうち,直流漏れ電流測定は絶縁体に高電圧を印加することにより,接地線に流れる漏れ電流を検出する方法である.漏れ電流は,水

トリーが絶縁体中で発生・進行し，絶縁体を貫通して，はじめて現場で計測し得る電流値として現れる．測定は1μA以下の非常に小さな電流を計測する方法である．tan δ 測定は，水トリーが絶縁体を貫通しない未貫通トリー状態の劣化診断が可能である．測定値は，水トリーの発生個数や水トリー長が増すと大きくなる．

　設備を停電させず診断を行う活線診断法として，交流重畳法を用いている．交流重畳法は，被測定ケーブルの接地から商用周波数の偶数倍+1 Hz の電圧を重畳し，水トリー劣化に対応して新たに発生する 1 Hz の劣化信号（商用周波数の2倍と重畳電圧の周波数との差）を測定する方法である．

3　故障ケーブルの布設状況による劣化度合

　故障ケーブルの布設状況による劣化度合を調査するため，**第3図**のように屋外枠組み変台に布設されたケーブルを2 m ごとに切断して，それを電源側から負荷側に向かって試料①〜⑦とし，直流漏れ電流値とtan δ 値を測定した．この結果を**第4図**の布設状況による劣化度合に示す．なお，この故障ケーブルは太さ38 mm²，こう長14 m，使用年数22年，

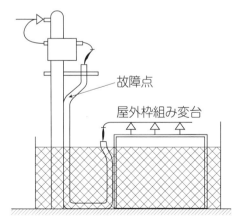

第3図　故障ケーブルの布設状況

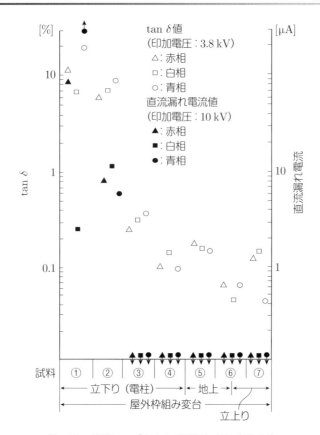

第4図 故障ケーブルの布設状況による劣化度合

内部・外部半導電層ともテープ巻方式であった．

　測定結果から試料①，②は，直流漏れ電流が検出された柱上の三叉管部から84 cmおよび92 cmの位置（青相）に直径1 mmほどの絶縁体に貫通穴が生じていた．貫通穴には絶縁破壊によるアーク痕跡を伴っており，停電に至った故障点であることが判明した（**第5図**参照）．

　故障点付近には多数の水トリーが生じており，この水トリーは半導電層テープの重なり部分に沿って，らせん状に生じていた．単柱上の三叉管部から4 m付近までの介在物には，水分を含んでおり，遮へい銅テープは腐食してところどころで破断していた．

第5図 水トリー劣化による故障点付近

　このケーブルの三叉管部には亀裂が生じていたため，ここから雨水が浸入して水トリーが発生し進行して，絶縁破壊に至る要因になった．

4　防止対策

　水トリーの発生は，水気のある使用状況と密接な関係にあり，今回の事例ではケーブル端末部の三叉管に生じた亀裂がシース内への雨水浸入の原因になり，水トリーの発生要因になっている．故障の未然防止には三叉管の亀裂に留意した点検を行い，早期の亀裂検出に努めることが肝心である．

〔参考出典〕
(1)　深川裕正ほか「架橋ポリエチレンケーブルの水トリー劣化とその判定法」電力中央研究所，総合報告113号，1983
(2)　「地中配電ケーブルの信頼性向上技術」電気学会技術報告（Ⅱ部）第404号，1992
(3)　「高圧CVケーブルの保守・点検指針」日本電線工業会，技術資料第116号A，2000
(4)　電気協同研究会編「劣化診断マニュアル」電気書院，1991

CASE.8 高圧CVケーブルの水トリー劣化故障（その2）

　高圧CVケーブル故障の大半は，水トリー劣化によるものである．水トリー劣化はケーブルに交流電圧が課電された状態にて，電界集中（半導電層テープのけば立ちなどによる）があり，かつケーブルの外皮内へ水分が浸入した状況において長時間にわたって使用されることにより発生・進行する．

　ケーブルの外皮内へ水分が浸入する要因として，地中金属管内に滞留した雨水に，ケーブル本体が経年にわたり浸水使用される場合がある．

　ここでは，地中金属管内に浸水した状態にて経年使用により，停電故障に至ったケーブルの劣化状況や故障点の様相などを記述する．

1　故障ケーブルの布設状況による劣化度合

　故障ケーブルの布設状況による劣化度合を調査するため，**第1図**のように屋内枠組み変台に布設されたケーブルを2mごとに切断して，それを電

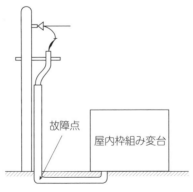

第1図　故障ケーブルの布設状況

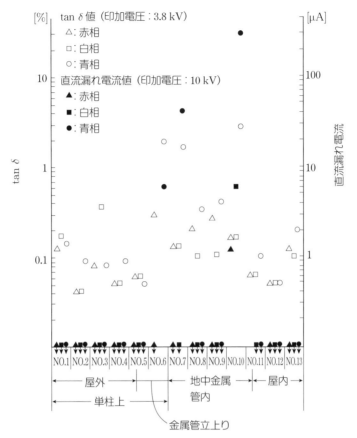

第2図 故障ケーブルの布設状況による劣化度合

源側から負荷側に向かい試料 NO.1～13 とし，直流漏れ電流値と tan δ 値を測定した．ただし，測定には故障点付近 30 cm ほどを切除して除外した．

この結果を**第2図**の布設状況による劣化度合に示す．なお，このケーブルは太さ 22 mm^2，こう長 27 m，使用年数 23 年，内部半導電層：押し出し，外部半導電層：テープ巻方式であった．

第2図の測定結果からわかるように，地中金属管内のうちケーブルの折れ曲がり付近の劣化が他の箇所と比較して進行しており，ケーブル全域か

第3図 水トリー劣化による故障点付近（白相）

ら見れば局部的な劣化進行であった．このケーブルを解体した結果，故障箇所は柱上の三叉管部から14 mのところであり，絶縁破壊により直径8 mm（白相）ほどの貫通穴が生じていた（**第3図**参照）．また，地中金属管内のケーブルを解体した結果，介在物は水分を含んでおり，遮へい銅テープは腐食破断していた．

2 水トリー故障に至った要因

ケーブルの外皮に用いられるビニルなどのポリマは，結晶質と非晶質からなり水分は非晶質領域を透過するため，ポリマ層では完全な遮水効果を得られない．ゆえに，長い間，ケーブル本体が地中金属管内にて浸水して使用されるとシース内へは水分が浸入する．

水トリーの発生は，水気のある使用環境と密接な関係にあり，今回の事例ではケーブルの外皮内への水分浸透が起因して水トリーを発生させ，ついには故障に至る要因になった．

また，故障点は第1図に示すよう，柱上を立下り地中金属管内に布設されたのち，屋内枠組み変台へ向かう折れ曲がり箇所であった．ケーブルの折れ曲がり付近は，ほかの箇所と比べて半導電層テープのけば立ちが著しいため，電界集中による水トリー劣化が生じやすく，他の箇所より劣化が進行して絶縁破壊となり，ついには地絡故障に至ったと推断した．

3 防止対策

　水トリー故障した当該ケーブルの柱上から立下った金属管挿入口には，金属管内への雨水浸入を防止するため，コーキング処理を施していたが，コーキング処理箇所には亀裂が生じていた．ゆえに，金属管内へ雨水浸入して，ケーブル外皮内へ水分浸透する原因になった．

　水トリー劣化防止には，金属管内への雨水浸入を塞ぐ必要がある．そのためには，コーキング処理箇所に留意した点検を行い，亀裂が生じた場合は速やかに修復することや金属管内に雨水が滞留した場合には，抜き取ることが大切である．

　日本電線工業会の技術資料によれば，高圧 CV ケーブルを水気の影響がある環境にて使用する場合は，更新推奨時期を使用年数は 15 年とされており，水トリー故障の未然防止として使用年数が 15 年経過したケーブルは，更新することが望ましい．

〔参考出典〕
　「地中配電線ケーブルの信頼性向上技術」，電気学会技術報告（Ⅱ部）第 404 号，1992 年

高圧CVケーブルの水トリー故障による波及事故

前述のCASE.8で記載した高圧CVケーブル（以下,「同ケーブル」という）は,水トリー劣化の進行により地絡故障を生じたが,構内第1柱の地絡継電器は地絡検出できず,誤不動作となり波及事故に至った.

波及事故に至った原因を究明するため,故障した同ケーブルを持ち帰り高圧模擬変電設備を用いて,故障の再現実験を行った.以下に実験結果および誤不動作原因などを記述する.

1　地絡継電器の誤不動作

誤不動作とは,地絡継電器が動作すべき場合に動作しないことである.CASE.8にて記載したように,地絡発生した故障点は水トリー劣化に伴う絶縁破壊からケーブル絶縁体には貫通穴が生じており,アーク放電した痕跡を呈していた.しかしながら,構内第1柱の地絡継電器は地絡検出に至らなかった.

2　地絡継電器の誤不動作を実験により検証

当該設備の構内第1柱と同一の区分開閉器（以下,「PAS」という.）および地絡継電器を用いて,地絡継電器の誤不動作を実験により検証した.

実験は,**第1図**に示すように6.6 kVを課電できる高圧模擬変電設備を用いた.高圧模擬変電設備内に設置したPASの負荷側に,現地より搬入した故障ケーブルを接続して,高圧真空遮断器（以下,「VCB」という.）投入後,地絡継電器が動作するまでの時間を測定するとともに,零相電圧波形および地絡電流波形をオシロスコープで観測した.第1図に実験回路を示す.

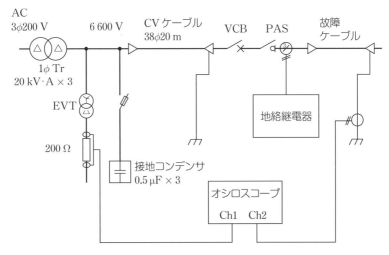

※ Ch1：零相電圧波形入力，Ch2：地絡電流波形入力
第1図　実験回路

3　実験（検証）結果

　実験の結果，故障ケーブルへ3φ6.6 kVを印加したあと，1秒経過しても地絡継電器は動作しなかった．このときに観測した零相電圧波形および地絡電流波形を**第2図**に示す．観測した零相電圧波形は矩形波状であり，地絡電流波形は針状波状であった．

4　地絡継電器が誤不動作した原因

　高圧CVケーブルの水トリー劣化による故障では，地絡電流波形は針状波状となり，高い周波数成分を含むことが知られている．大半の地絡故障は故障点でアークを伴うアーキング地絡になり，アーキング地絡は地絡電流に高調波分を多く含むことから，地絡継電器は高調波域に対する感度低下を著しくしておくと，構外にてアーキング地絡が発生した場合でも，自構内の対地静電容量による充電電流に依存した動作（もらい事故）のお

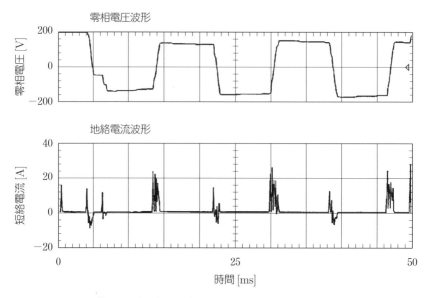

第2図 観測した零相電圧波形および地絡電流波形

それは小さくなる．反面，自構内にてアーキング地絡が生じた際には，検出感度の低下するおそれが生じる．

地絡継電器は，各メーカとも周波数が高くなるほど動作電流値は大きくなるようにつくられており，高調波域では動作感度が低下した特性になっている．また，メーカによって周波数特性は異なり，**第3図**に地絡継電器の周波数特性として，周波数と動作電流の関係を示す．

地絡継電器が誤不動作した原因は，電力会社の地絡継電器と高圧自家用設備の地絡継電器の高調波域に対する動作感度の違いやデータ処理方法の違いに起因して，電力会社の地絡継電器が先行動作したためであったと推断した．

5 防止対策

まれな事例ではあるが，高圧 CV ケーブルの水トリー劣化による故障では，自家用構内の地絡継電器は誤不動作を生じるおそれがある．誤不動

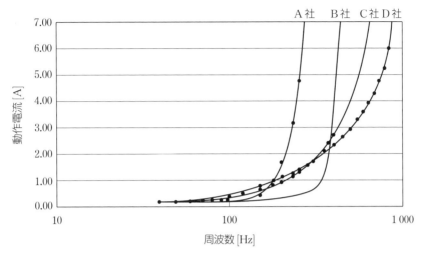

第3図 周波数特性（地絡継電器）

作による波及事故防止のため，水トリー劣化による故障を起こさないように保守管理することが大切である．

水トリー劣化の防止策として，CASE.8 に記載のような防止対策が必要である．

【参考】 高圧 CV ケーブルの製造方法（製造技術の変遷）

(1) T-T タイプ

昭和 51 年（1976 年）以前に製造されたケーブルである．内部・外部半導電層をテープ巻き構造としており，ポリエチレンを架橋する加熱加圧として，水蒸気架橋方式によって製造されたものである．絶縁体中の微小ボイドや絶縁体と半導電層の不整（けば，突起等）により，水トリーが発生・進展して，絶縁劣化が生じやすい．

(2) E-T タイプ

T-T タイプは，半導電層がテープ巻き構造であり，綿テープ繊維のけば立ちが水トリー発生の要因になることから，製造工法を内部半導電層と絶縁体の二層を同時押出し成形としたものが E-T ケーブルであり，昭和52 年（1977 年）以降に採用された．

昭和61年（1981年）以降は，乾式架橋方式によって製造されており，民間向けのほとんどの高圧自家用設備にて使用されている．

(3) E-E タイプ

昭和60年（1985年）頃から採用され，絶縁体と内・外導の界面に水トリーの発生要因となる異物が混入する余地をなくすため，内部半導電層，絶縁体および外部半導電層の三層同時押出し成形としており，かつ乾式架橋方式にて製造されている．

異物管理や水トリー対策が図られ，長期的な信頼性が向上している．高圧受電設備規程（JEAC 8011-2014）では，E-E タイプを推奨している．

(4) 高圧 CV ケーブルの保守管理

民間では，ほとんどが E-T タイプが使用されており，外導（テープ巻き）からの水トリーが発生しやすい．ケーブル故障は改修に時間を要し，かつ故障時の経済的な負担が大きいことから，故障の未然防止として，的確な管理と計画的な取換えに向けた推奨が必要である．

〔参考出典〕
(1) 高圧地絡継電器の不必要動作に関する調査・研究委員会「高圧地絡継電器の不必要動作に関する調査・研究報告書」，1986
(2) 「電気技術者」，日本電気技術者協会，2014年6月
(3) 「電気技術者」，日本電気技術者協会，2015年4月

CASE.10 高圧CVケーブル遮へい銅テープの腐食破断とその弊害

　高圧CVケーブルの経年使用に伴い，水トリー劣化により故障に至ったケーブル（以下，「本ケーブル」という．）を解体したところ，故障点付近の遮へい銅テープは腐食破断がはなはだしく進行していた．本ケーブルのように，水気のある環境にて経年使用されたケーブルの遮へい銅テープは，腐食破断が進行しているおそれがある．腐食破断による故障の未然防止に資するため，腐食破断したケーブルを使用継続した場合における絶縁体に及ぼす不具合および予防策などを以下に記述する．

1 本ケーブルの使用状況

　本ケーブルは構内第1柱を立下り，地中埋設金属管を経て屋外地上キュービクルへ布設されており，使用年数は19年を経過していた．

2 本ケーブルの解体調査結果

(1) 故障箇所および水トリー発生状況

　本ケーブルの故障箇所は，地中埋設金属管内であり故障相は青相であった．故障箇所の絶縁体には直径2mmほどの貫通穴（水トリー劣化による）が生じており，故障箇所付近の赤相，青相の所々には水トリーが点在していた．

(2) 故障箇所付近の状態

　故障点付近を含む地中埋設金属管内に布設されたケーブルの外皮面には，鉄錆による赤褐色の汚れが多く付着していた．また，この部分の遮へい銅テープは腐食破断が進行していた．**第1図**には絶縁破壊による故障箇所を示し，**第2図**には遮へい銅テープの腐食破断した状態を示す．

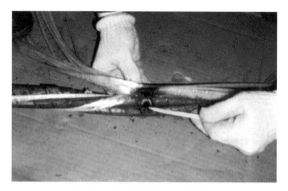

第1図　絶縁破壊による故障箇所

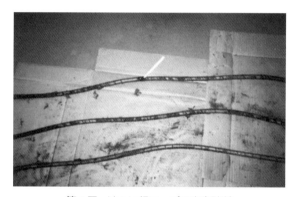

第2図　遮へい銅テープの腐食破断

(3) **遮へい銅テープ腐食破断の原因**

　本ケーブルのシース外面には，鉄錆による赤褐色の汚れが付着していたことから，地中埋設金属管内にて水に浸かった状態で経年使用されたことがわかる．

　ケーブル本体が水に浸かった状態にて使用され，シースに外傷が生じていれば，水の浸入により，遮へい銅テープには腐食が生じる．シースが健全な場合においても，プラスチック材料は多少水分を透過する性質があることから，遮へい銅テープは腐食破断に至ることがある．遮へい銅テープの破断についても，水トリー劣化と同様に高圧 CV ケーブルの代表的な

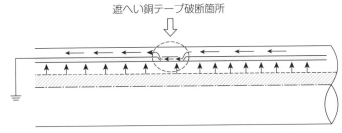

第3図　遮へい銅テープ破断箇所での加熱・炭化現象

劣化形態といえる．

3　遮へい銅テープの腐食破断に伴い生じる不具合

　ケーブルの遮へい層に施されるシールド接地は一般的には片端接地であり，**第3図**に示すように破断箇所では外部半導電層を介して，非接地区間（遮へい銅テープの破断箇所からシールド接地を施してない端末部まで）の充電電流が強制的に接地区間に流れるため，遮へい銅テープが破断している外部半導電層部分には発熱が生じる．

　こうした状態が継続することにより，外部半導電層が焼失して破断箇所の非接地端と接地端間には電位差が生じて，放電劣化をもたらす．この放電エネルギーと充電電流による発熱により，絶縁体は共焼けして劣化が進展する．

4　遮へい銅テープ腐食破断の診断

　遮へい層抵抗試験としてテスタ等を使用して遮へい層の抵抗測定を行い，破断判定の指標とする．

5　遮へい銅テープ腐食破断の予防策

(1)　使用環境にて生じる水気の除去

　遮へい銅テープの腐食破断は，水気のある使用環境として屋外の地中埋設金属管内やマンホール内にてケーブル本体が，浸水した状態で経年使用

された場合に生じている．高圧 CV ケーブルの寿命は，使用環境や使用状況によって大きく変化するとされており，特に水の影響によって寿命は短くなる．

水トリー劣化による故障や遮へい銅テープの腐食破断に伴い生じる不具合の予防として，使用環境にて生じる水気を除くことが大切であり，以下に留意する必要がある．

　・柱上から立下ったケーブルの金属管挿入口は，雨水が浸入しないようにコーキング処理を行い，剥がれが生じないよう維持管理する．

　・マンホール内へ流れ込んだ雨水を抜き取り，ケーブルが浸水しないようにする．

⑵　更新推奨時期

屋外地中布設により水気の影響を受ける使用環境にて使用される場合は，更新推奨時期を「使用開始後 15 年」とすることが望ましい．

【参考】　遮へい銅テープの腐食破断に伴い生じる不具合としては，上記のほかにも破断部の電気抵抗が数 kΩに増大（場合によっては∞となる．）することから，非接地端側のケーブル地絡保護ができなくなる不具合がある．

〔参考出典〕
　日本電線工業会：「高圧 CV ケーブルの保守・点検指針」，技術資料 第 116 号 A，2000

高圧 CV ケーブルの劣化診断と故障の未然検出

 高圧 CV ケーブルは高い絶縁性能を有している一方で，水トリー劣化という問題を抱えている．水トリー劣化には各種の診断法があり，停電下における診断法として直流漏れ電流測定法，$\tan \delta$ 測定法を用いるが各診断法ともに特徴がある．

 本稿では，経年使用に伴い劣化・故障に至ったケーブルを各診断法により，劣化診断した結果および劣化の早期発見や故障の未然防止に資する方法などを記述する．

1 故障ケーブルの診断結果

 使用年数 19 年～23 年の水トリー劣化による故障ケーブル 4 本（絶縁心線 12 本）を試料として，直流漏れ電流測定，$\tan \delta$ 測定を行った．測定結果を**第 1 表**に示す．

2 直流漏れ電流測定と $\tan \delta$ 測定の比較

 測定結果より，直流漏れ電流測定の判定順位が c である一方，$\tan \delta$ 測定の判定順位が a，b を示す試料があり，この要因は次のようである．

 直流漏れ電流は，貫通トリーが生じれば検出されるのに対して，$\tan \delta$ 測定は全体の劣化を平均して示す．ゆえに，劣化状態を調査した CASE.7，CASE.8 の試料のように，高圧自家用電気設備に布設された高圧 CV ケーブルの水トリー劣化は長さ方向に一様に生じず，局部的に劣化進行することが知られており，例え貫通トリーが生じても判定順位 a または b を示し得る．

 直流漏れ電流測定の判定順位が a である一方，$\tan \delta$ 測定の判定順位が

第1表 測定結果

試料番号	相	直流漏れ電流		tan δ		総合判定
		μA	判定順位	%	判定順位	
1	赤	1.0 以上	c	0.09	a	C
	白	1.0 以上	c	3.91	b	C
	青	1.0 以上	c	0.26	b	C
2	赤	1.0 以上	c	0.88	b	C
	白	1.0 以上	c	1.36	b	C
	青	1.0 以上	c	3.13	b	C
3	赤	0.8	b	0.40	b	B
	白	1.0 以上	c	0.39	b	C
	青	1.0 以上	c	0.64	b	C
4	赤	0.02 以下	a	2.56	b	B
	白	0.15	b	2.57	b	B
	青	1.0 以上	c	2.55	b	C

[判定順位]
直流漏れ電流測定：印加電圧 10 kV 　　　　tan δ 測定：印加電圧交流 3.8 kV
　判定順位　a：0.1 μA 未満　　　　　　　　　判定順位　a：0.1 % 未満
　　　　　　b：0.1 ～ 1.0 μA　　　　　　　　　　　　　　b：0.1 ～ 5.0 %
　　　　　　c：1.0 μA 以上　　　　　　　　　　　　　　　c：5.0 % 以上

[総合判定]
　A：絶縁劣化は認められず線路に異常がない.
　B：線路にやや絶縁劣化傾向が認められる.
　C：線路に著しく絶縁劣化が認められる.
※ 判定順位および総合判定は，電気学会技術報告（Ⅱ部）404 号を参照

b である試料もあり，この要因は次のようである.

　水トリー劣化が進行しても，未貫通トリー（絶縁体の貫通に至らない水トリー）状態であり，残存する絶縁厚が残っていれば，直流漏れ電流は検出されない.

　しかし，tan δ 測定では未貫通トリー（絶縁体の貫通に至らない水トリー）の診断が可能であることから，未貫通トリーの生じている試料の診断結果として，判定順位 b を示し得る.

3　各劣化診断法の特徴と劣化判定

　tan δ 測定は未貫通トリーの診断が可能であるが，貫通トリーが生じて

も判定順位 c を示さないことがある．一方，直流漏れ電流測定は，貫通トリーの診断に有効であり，貫通トリーが生じるほどの局部的な劣化診断に適している．

各劣化診断法（直流漏れ電流測定，tan δ 測定）には，それぞれ特徴があり，これらの測定方法を十分理解のうえ劣化診断を行うことが望ましく，劣化の早期発見として，「やや絶縁劣化傾向が認められる」状況を見極めるためには，直流漏れ電流測定のほか，tan δ 測定を行い双方の診断結果を総合的に判定する必要がある．

4　交流破壊電圧と直流漏れ電流値の相関

故障ケーブルおよび，撤去ケーブルを用いて交流破壊電圧試験を行った．第1図に交流破壊電圧と直流漏れ電流値の関係を示す．

直流漏れ電流値が 0.02 μA 以下の試料における交流破壊電圧は 24〜50 kV 以上であった．これは未貫通トリー進行による残存する絶縁厚の違いにより，破壊電圧にばらつきが生じたと考察する．直流漏れ電流値が検

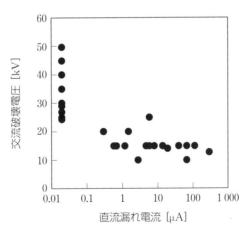

直流漏れ電流測定；印加電圧 10 kV
交流破壊電圧測定；5 kV/1 分値

第1図　交流破壊電圧と直流漏れ電流値の相関

出される状態においては，交流破壊電圧は低下しており，劣化の末期状態にある．

5　故障の未然防止として

CV ケーブルの絶縁破壊は貫通トリーに至っても常時の運転電界では，直ちに絶縁破壊しないことが知られている．しかしながら，貫通トリーが生じた状態では絶縁破壊電圧は顕著に低下することから，直流漏れ電流測定を行い漏れ電流が検出された場合は，速やかに改修することが故障の未然防止として重要である．

tan δ 測定では，未貫通トリーの劣化診断が可能であり劣化状態の把握には，tan δ 測定の結果を含めた判定が必要である．

〔参考出典〕
(1)　中部電気保安協会「電気主任技術者の仕事シリーズ第 4 巻」電気書院，2006
(2)　電力設備の絶縁余寿命推定法調査専門委員会「電力設備の絶縁余寿命推定法」電気学会技術報告第 502 号，1994
(3)　地中配電用ケーブル信頼性向上調査専門委員会「地中配電ケーブルの信頼性向上技術」電気学会技術報告第 404 号，1992

CASE.12 高圧 CVT ケーブル端末処理部の不具合

　高圧 CVT ケーブルの端末処理部は，ケーブルの遮へい銅テープ端部に生じる高電界の電界緩和を行うため，ストレスコーンを設けている．遮へい銅テープ端部がストレスコーンと繋がらずはがれた場合は，遮へい銅テープ端部に生じる高電界により，絶縁体の沿面には絶縁破壊を来す．

　ここでは，ケーブル端末処理部の遮へい銅テープ端部の不具合（ストレスコーン部との繋がり不備）により生じた故障事例を紹介するとともに，防止策などを記述する．

1 高圧 CVT ケーブルのストレスコーン

　高圧 CVT ケーブルは，遮へい銅テープをはぎ取ると，その端部は電気力線が集中して，電位傾度が高くなる（**第 1 図**参照）．電界の強さは電気

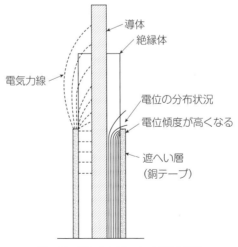

第 1 図 ストレスコーンがない場合

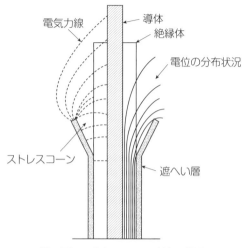

第2図　ストレスコーンがある場合

力線の密度で表すことができ，電気力線が集中するところは電界が強くなり，電位傾度が大きくなる関係にある．

電位傾度が大きくなると小さい距離の間に，より高い電圧が加わってしまうため，ついには高い電圧の加わっている部分の絶縁は破壊されることになる．

この電位傾度を小さくするために，遮へい銅テープをはぎ取った端部に円錐体をつくり，電気力線の分布を粗として，電気傾度を低くするために施されるのが，ストレスコーンである（第2図参照）．

2　設備の概要

受電設備：屋外地上キュービクル

設備容量：100 kV・A

高圧 CVT ケーブル：長さ 32 m，太さ 38 mm²，使用年数 6 年

3　故障の発生状況

高圧自家用電気設備（屋外地上キュービクル式）の構内第1柱に設置さ

れた区分開閉器（PAS）の地絡継電器が動作して全停電となり，電力会社配電変電所にて零相電圧6kVを発生した．ストレスコーンであるプレハブ形端末処理材を切開したところ，遮へい銅テープの末端にはビニルテープが巻かれており，その周辺が焼損していた．

4 故障部分の解体調査結果

焼損が確認された遮へい銅テープ末端部分を解体したところ，接地銅板が遮へい銅テープ上に取り付けられてなく，**第3図**に示すよう接地銅板と接地線が繋がっていなかった．接地銅板をはがしたところ，絶縁体は焼けて炭化侵食していた．

第4図および**第5図**に白相と青相の絶縁体焼損の状態を示す．

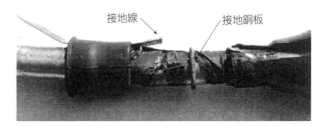

第3図　接地銅板と接地線が断線

第4図　絶縁体の焼損状態（白相）

第5図 絶縁体の焼損状態（青相）

5　故障の発生原因（推定）

　故障に至った当該ケーブルの端末処理接続部は接地銅板が遮へい銅テープ上に取り付けられておらず，接地銅板と接地線が繋がっていなかった．ゆえに，**第6図**に示すように外部半導電層を介して，接地銅板（接地線）にケーブル充電電流が流れてこの部分で発熱が生じた．こうした状態が継続することにより，外部半導電性布テープが炭化・損失した．

　外部半導電性布テープの損失により，ストレスコーンの機能を果たすことなく，第1図に示すように遮へい銅テープ端部の電位傾度が高まり，絶縁体沿面の放電劣化をもたらした．この放電エネルギーと充電電流による

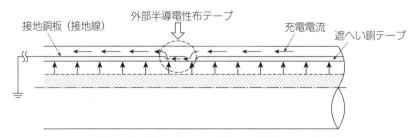

第6図　外部半導電性布テープ部の発熱および炭化現象

発熱により，絶縁体は焼損して劣化が進展，絶縁破壊を発生させたと推定した.

6 防止対策

解体調査結果から判明したように故障に至った要因は，接地銅板が遮へい銅テープに取り付けられてなく，接地銅板と接地線に繋がってなかったことに起因している.

プレハブ端末における組立ミスは，その製品の性能を著しく低下させる.

製品性能を維持するためには，標準化工法を遵守することが重要である.

〔参考出典〕

日本電線工業会：「高圧 CV ケーブルの保守・点検指針」，技術資料 第 116 号 A，2000

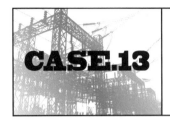

CASE.13 高圧CVケーブル端末部のトラッキング現象

　高圧CVケーブル端末処理部は，端末処理材によりストレスコーンを設けてケーブルの遮へい銅テープ端部における端末処理を施している．ケーブル端子からストレスコーンの接地部位に至る表面は，長年の使用による汚損と湿気の影響を受けて部分放電の発生からトラッキング[1]を生じて，ストレスコーン部の絶縁低下をきたし，ついには停電故障や端末処理材の焼損に至る場合もある．

　本稿では，ケーブル端末処理材に生じたトラッキングを発見して，故障の未然防止に資した事例を紹介するとともに，トラッキング発生の防止策などを記述する．

1　トラッキングの発生状況

　月次点検時に，ケーブル端末処理部（使用年数：12年）を目視点検したところ，ストレスコーンの一部分が青白く変色していた．変色箇所を超音波式部分放電探査器（以下「ウルトラホン」という）にて探査したところ，放電に伴い発生する超音波（40 kHzの音圧）の発生を確認した．**第1図**に部分放電探査に用いたウルトラホンを示す．

　変色箇所から超音波が検出され微小ではあるが放電が生じていること，および変色箇所の様相からトラッキングの発生であることが判明した．**第2図**に青白く変色したトラッキングの発生部位を示す．

2　ケーブル端末処理部の調査結果

　トラッキングは，ケーブル端末処理材に汚損と湿気が加わった使用状況下にて，経年使用により発生して進行する．

第 1 図 ウルトラホン

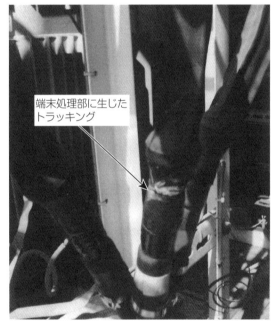

第 2 図 ケーブル端末処理材に生じたトラッキング劣化

　ケーブル端末処理材表面の汚損状況を調査するため，ケーブル端末処理材表面に付着した等価塩分付着密度を測定した．測定結果を**第 1 表**に示し，JCAA（日本電力ケーブル接続協会）より規定された，使用端末ごと

第1表 等価塩分付着密度の測定結果

試料 (ケーブル端末処理箇所の相)	等価塩分付着密度 [mg/cm²]
赤 相	0.100
白 相	0.096
青 相	0.104

第2表 使用端末ごとの汚損区分

汚損区分 [mg/cm²]※	使用端末
0.01 以下	一般屋内端末用
0.01 超過 ～ 0.06 以下	屋外端末用
0.06 超過 ～ 0.35 以下	耐塩害端末用

※汚損区分 [mg/cm²] は等価塩分付着密度を示す

の汚損区分を**第2表**に示す.

　当該ケーブルの端末処理材は一般屋内端末用が用いられており,第1表の測定結果からわかるように,汚損状態は規定された汚損区分をはるかに超えた10倍ほどに達していた.

3　トラッキングの発生原因

　前述したように,当該ケーブルの端末処理材表面は規定をはるかに超えるほどの汚損状態であった.端末処理材表面の汚損箇所に湿気が加わることにより,表面の絶縁は低下を来して部分放電を生じる.経年による部分放電の発生と消滅の繰り返しにより,トラッキングとして炭化導電路が形成される.

　トラッキングの発生原因は,端末処理材表面の汚損が規定以上に進行した状態にて,使用されていたことによる.

4　トラッキングの防止対策

　当該設備は非塩害地区での使用であったが,端末処理材表面の汚損は想

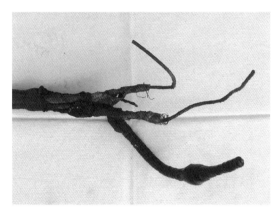

第3図　焼損したケーブル端末部

定以上に進行していた．設備の使用環境にもよるが，主要道路に面した屋外設備などでは，じんあいの舞い立ちによる汚損が予測される．

　トラッキングの発生は，端末処理材表面の汚損に依存することから，定期的に端末処理材の表面を清拭することが，トラッキングの防止として大切である．

　ケーブル端末処理部表面のトラッキング進行から，絶縁破壊に至り，生じた火花放電により端末処理部が発火して焼損に至った事例がある（第3図参照）．ケーブル端末処理部に生じるトラッキングから，重大事故に結び付くおそれがあり，日頃の点検では，トラッキング発見には十分留意する必要がある．

(i)　**トラッキング（炭化導電路）**

　　トラッキングとは，絶縁物の表面がじんかい・塩分等で汚損され，かつ水分を伴うことにより表面には部分放電が生じ，放電によって絶縁物の表面が炭化侵食してできる炭化導電路のことであり，経年使用により進行していく．

　　がいし等の無機物には発生しないが，ゴム・プラスティック等の有機物には，材質によって差異はあるもののトラッキングは発生する．

CASE.14 高圧電流計切換カムスイッチの不具合による停電発生

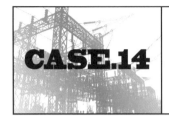

　高圧自家用電気設備の月次点検にて，高圧受電盤に設置してある高圧電流計の指示値を記録するため，切換カムスイッチ（以下「カムスイッチ」という）を切り換えたところ，主遮断装置である高圧真空遮断器（以下「VCB」という）が動作して，工場全体の停電に至った．

　VCBの動作原因を調査した結果，カムスイッチ（**第1図参照**）の不具合に起因していることが判明した．以下に，VCB動作に至った経緯および再発防止などについて記述する．

1　停電発生時の状況

　高圧電流計の指示値を読み取るため，カムスイッチの切換えによって，R相，S相の電流値を読み取ったのち，S相からT相へカムスイッチを切り換えた直後にVCBが動作して，全停電に至った．当日は工場が操業し

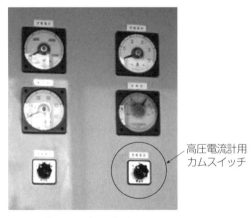

第1図　高圧受電盤のカムスイッチ

ており，高圧電流計による負荷電流は 48 A であった．

　VCB 動作後，受電盤の周りを確認したところ，電流計に併設された力率計には，スパーク痕跡と思われる変色が生じていた．

2　VCB 動作原因の調査

　VCB 動作による全停電は，カムスイッチの切換時に生じていることから，カムスイッチを新品と交換して，持ち帰り調査した．

(1)　**カムスイッチ接点の導通確認**

　カムスイッチは，**第 2 図**に示す回路にて結線されており，四つの接点により構成されている．接点の接触状態を調査するため，接点の導通をテスタにて確認した．

　接点の導通確認は，各接点の端子間を繋ぐ接続バーを外し，接点単体として行った．

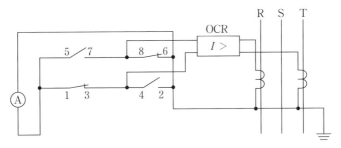

第 2 図　CT 二次側回路図（高圧電流計カムスイッチ接点構成）

(2)　**カムスイッチ接点の導通状態**

　カムスイッチの各相位置における，導通すべき接点と導通状態を**第 1 表**に示す．

　正常時の接点間抵抗値は，10 mΩ ほどであり，テスタでは導通を示す．

　調査したカムスイッチでは，4 個ある接点のうち 3 個の接点にて接点界面の接触抵抗は変動していた．このような状態から，接点界面には経年使用による磨耗や皮膜（酸化・酸化膜・腐食）の発生が想定された．

第1表　導通すべき接点と導通状態

カムスイッチの位置	導通すべき接点（番号）	導通状態（接触抵抗値）
R	5−7	接触抵抗値に変動あり（1〜90Ω）
	4−2	接触抵抗値に変動あり（5〜50Ω）
S	5−7	接触抵抗値に変動あり（1〜90Ω）
	1−3	導通あり
T	1−3	導通あり
	8−6	接触抵抗値に変動あり（800Ω〜1.5MΩ）

※導通すべき接点（番号）は，第1図に示す回路図の接点番号による．

(3) VCB の動作原因

　調査結果より，接点（8−6）の接触抵抗値が最も大きく，かつ抵抗値の変動も大きいことから，他の接点と比べて接点界面の磨耗や皮膜の発生が最も進行していたと考えられる．

　月次点検におけるカムスイッチ操作（S相からT相へ切換え）後には，接点（8−6）を閉じることができず，接触不良により開状態になったと推察する．

　接点（8−6）が開状態になれば，R相の計器用変流器（以下「CT」という）二次側は開放になり，二次側回路に生じる過大電圧は過電流継電器（以下「OCR」という）に印加することになる（**第3図**参照）．

　CT二次側開放に伴い生じる過大電圧によって，過電流継電器は故障や焼損に至るほか，異常動作する場合のあることが示されている．VCBの動作原因は，接点（8−6）の接触不良に伴い発生した過大電圧がOCRへ入力したためであり，この結果，OCRが異常動作してVCBを連動遮断したと推察した．

【追記】　力率計に生じていた変色（スパーク痕跡と思われる）は，カムスイッチ操作時に発生したものであり，カムスイッチの接点不具合により生じた高電圧（CT二次側開放による）の入力によると推断した．

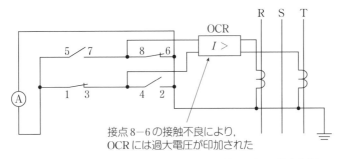

第3図 カムスイッチ（S相からT相へ切換え後）の接点状態

3 再発防止策

　この設備の使用年数は29年を経過しており，工場内の設備（キュービクル式）であることから，じんあいや排気等がカムスイッチ接点界面の劣化に影響したと思われる．

　カムスイッチの接触不具合は，CT二次側に高電圧を発生させる要因になり，危険を伴うとともに設備の焼損や停電など事故・故障に結び付くおそれがある．

　カムスイッチについても，経年使用による劣化を鑑みた更新が必要である．計器用変成器や保護継電器の更新推奨による取り換えにあわせて交換するなど，計画的に取り換えることが望ましい．

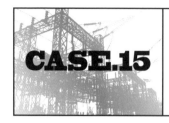

CASE.15 高圧真空遮断器の投入コイル焼損事例

　高圧自家用電気設備の停電点検終了後，送電のために高圧真空遮断器（以下，「VCB」という）を投入操作（電動操作による投入）したところ投入不能であった．その後，操作を繰り返したが，電動操作による投入はできなかった．

　当日はやむを得ず，VCBを手動操作により送電した．後日，VCBを交換して調査した結果，VCBの電動操作に用いる投入コイル（52C）が焼損しており，投入できない要因になっていることが判明した．以下に投入コイルが焼損した原因，および再発防止対策などを記述する．

1　VCBの操作状況

　VCBは電動操作による投入は不能であったが，投入レバーの操作による手動投入は可能であった．また，電動操作による遮断は可能であり，遮断コイル（52T）は正常に動作した．

2　VCBの点検結果

(1)　投入コイルの焼損状態

　投入コイル（VCB本体側面に設置）を調査した結果，外観からは過励磁の際に生じる過熱状態として，コイル覆いテープの焼けおよび心線変色などが確認された．**第1図**にVCBの外観（電動操作の機構部）を示し，**第2図**に投入コイルの焼損状態を示す．

(2)　投入コイルのプランジャが押すレバー荷重の計測結果

　投入コイルのプランジャが押すレバー荷重を計測したところ，以下のようであった．**第3図**に投入レバー荷重の計測風景を示す．

高圧真空遮断器の投入コイル焼損事例

第1図　VCB の外観（電動操作の機構部）

第2図　投入コイルの焼損状態

① 投入コイル側：3.97 kg（10 回の平均値）
② 遮断コイル側：1.79 kg（10 回の平均値）

投入コイル側のレバー荷重は，健全時の2倍ほどに達していた．

第3図 投入レバー荷重の計測風景

(3) 分解調査結果

　VCB本体を分解調査したところ，操作機構（第1図参照）であるローラのベアリング部と各軸間のグリースは損失していた．その他の箇所も全体的にグリースが劣化・固化しており，量が少なくなっていた．

3　投入コイルの焼損原因

　当該VCBは，使用年数が15年を経過しており，投入レバー荷重も健全時の2倍ほどになっていた．投入コイルは短時間励磁仕様であり，焼損した原因は，開閉機構部の軸部品に使用されているグリース切れ（損失）に起因した軸固渋が生じて，投入停滞（過励磁）が発生したことによると断定した．

4　再発防止対策

　操作回数が少ない（年間に数回ほど）VCBでは，電動操作による自動投入にて軸固渋が生じないように，VCBを手動操作により投入と遮断を繰り返し操作して，固化したグリースを全体的に馴染ませてから，電動操作することが投入コイルの焼損防止に資することができる．手動操作による投入にて動作が「硬い」「鈍い」「投入できない」場合は，電動操作せず，

グリース注入などのメンテナンスを行う.

【参考】 VCB の注油の必要性

高圧交流遮断器の保守・点検を**第1表**に示す.

第1表 高圧交流遮断器の保守・点検

分　類	内　容	遮断器の状態	点検周期
普通点検	遮断器の性能確認, 維持を目的として行うもので, 細部の分解は行わず, 主として外部から点検する.	運転停止して行う	3 年
細密点検	遮断器の機能確認, 回復を目的として行うもので, 必要に応じて部分的な分解点検手入れ, 部品交換を行う.	運転停止して行う	6 年または点検規程開閉回数

備考　点検規程開閉回数は, 製造業者のカタログや取扱説明書で公表されている点検
　　　周期・回数

(1) 点検と注油の必要性

VCB において, グリースの劣化から引き起こされる問題は, グリースの固化, 固渋が原因して生じる VCB の動作特性の劣化や, 遮断不良, 投入不良などである. 多頻度開閉で使用される VCB は, 事故電流遮断時しか動作しないような希頻度開閉の場合と同様, 特に注意が必要である. 定期的な点検と注油の実施は, こうした不具合を未然に防止し, VCB 本来の性能を維持するために必要である.

(2) 注油・グリースの交換時期

グリース塗布後の経過年数とちょう度（グリースの硬さを表す尺度）範囲は, VCB の設置場所や使用環境により, かなりばらつきがあり, 一般的に 6 年ごとのグリース交換が推奨されている. ただし, 一般的にグリース交換はメーカによる分解清掃や固渋したグリースの除去等が必要であり, 通常は 1 ～ 3 年の保守・点検ごとの注油が推奨されている. なお, 多頻度開閉や, 特殊な環境下で使用される VCB の場合は, 点検・注油間隔を適宜に狭めた運用を勧める. **第2表**に注油・グリースの交換周期を示す.

第2表 注油・グリース交換の周期

項　目	内　　容	周　期
注　油	グリースの固化防止のための基油の補充	1～3年ごと
グリース交換	ちょう度低下したグリースを取り除き，新しいグリースに交換	6年ごと

　注油箇所，方法および使用する油については，各メーカの取扱説明書を参照してほしい．

〔参考出典〕
(1)　日本電機工業会技術資料（JEM-TR-174）「高圧交流遮断器の保守・点検指針」，
　　1991
(2)　日本電機工業会「高圧真空遮断器の注油の必要性について」，2002

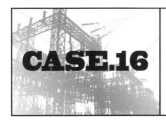
CASE.16 排煙が引き起こした高圧交流負荷開閉器の絶縁劣化

　高圧自家用電気設備（キュービクル式）内に設置してある，高圧交流負荷開閉器（以下「LBS」という）の絶縁低下に伴い，主遮断装置であるLBSに設置された地絡継電器（以下「GR」という）が動作して全停電に至った．調査の結果，LBS本体の絶縁低下は近隣にある焼却炉からの排煙の影響によることが判明した．
　以下に，排煙とLBS本体が絶縁低下した関係および再発防止策などを記述する．

1　停電故障発生時の状況

　停電故障の発生に伴う現場出向時の調査では，主遮断装置であるLBS本体の絶縁抵抗が著しく低下していたことから，LBSが地絡故障を生じてGR動作したと推断した．

2　LBSの調査結果

(1)　外観調査

　LBSを交換して持ち帰り調査したところ，外観の状態は次のようであった．
- 支持がいし部は，地色の茶色が灰色に見えるほどじんあいが付着していた．
- 金属部は，めっきが黒っぽく変色しており，さらにじんあいが付着していた．
- 操作ハンドル部は，発錆により真っ赤になっていた．
- 赤相ヒューズ支持台負荷側には，トラッキング痕跡が生じていた．

第1図 絶縁劣化したLBS本体

第2図 トラッキング痕跡（赤相ヒューズ支持台負荷側）

　第1図に絶縁劣化したLBS本体を示し，第2図に赤相のヒューズ支持台に生じたトラッキング痕跡を示す．

(2) じんあいの調査

　支持がいし部および金属部に付着したじんあいの成分を分析したところ，含有していた成分は，次のようであった．

　付着物の主成分はアルミニウム（Al），けい素（Si）などであり，通常

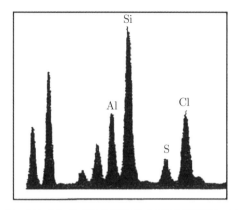

第3図 じんあいの成分分析結果（X線分析装置による）

じんあいに含まれるじんあい物質であった．そのほか，すべての付着物から硫黄（S），塩素（Cl）が多く検出された．これらの成分は，通常のじんあいには多く含まれないことから，焼却炉の排ガス成分と考えられた．第3図に付着したじんあいの成分分析結果を示す．

3 故障の発生原因

LBS本体に付着したじんあいの成分から硫黄（S），塩素（Cl）が多く検出されており，これらの成分が絶縁物の劣化を促進させて，ヒューズ支持台にトラッキングが発生したと推定した．故障が発生した当日は雨天であり，LBS本体の絶縁抵抗はさらに低下して，地絡故障に至ったと推断した．

当該設備は1階屋上に設置されたキュービクルであり，5mほど離れたところには焼却炉が設置されていた．焼却炉からの排煙に含まれた硫黄（S），塩素（Cl）が，LBS本体の絶縁低下や発錆に影響した．

焼却炉を設置してから1年ほどで，LBS本体の絶縁抵抗値は著しく低下していた．

第1表に，停電点検時におけるLBS本体の絶縁抵抗値を示す（点検後にLBSの改修を願い出ていたが，未改修のまま使用を継続）．

第1表 LBS本体の絶縁抵抗値

点検年月	絶縁抵抗値	
	LBSの電源側と大地間	LBSの負荷側と大地間
2001年12月	2 000 MΩ	2 000 MΩ
2003年 1月	1 MΩ	6 MΩ

※ 2003年4月：GR動作

4 故障の再発防止対策

　故障の再発防止として，焼却炉は高圧電気設備の近隣にて使用しないように心掛けることであり，じんあいが付着している場合は除去に努めることが大切である．

　また，点検時に著しい絶縁低下が確認された場合は，速やかに改修することが突然の停電を回避するために重要である．

【参考】　樹脂製がいし表面のトラッキング（炭化導電路）形成

　樹脂製がいし（有機絶縁体）では，表面へ湿気により水分が加わると，表面のはっ水性により乾燥した部分と湿った部分が生じる．乾燥した部分では表面抵抗が高いので，大部分の電圧は乾燥帯（ドライバンド）に加わり部分的な表面放電が発生し，水分の供給が絶たれると部分放電は消滅する．また，表面が汚損湿潤することにより，表面に導電性の膜が形成されるため，部分放電は生じやすくなる．樹脂製がいし表面のはっ水性は，使用環境により差異はあるものの経年により低下する．

　はっ水性が低下した絶縁体表面では，湿気により水分が加わることによって乾燥帯（ドライバンド）が少なくなる．少なくなった乾燥帯間に高電圧が加わることによって，いっそう部分放電が生じやすくなり，絶縁体表面にはトラッキングとして炭化導電路を形成する．

〔参考出典〕
(1) 河野照哉：「高電圧工学」，電気工学基礎講座17，朝倉書店，1977

(2) 配電設備劣化診断・予知技術調査委員会：「配電設備劣化診断技術の動向」，電気学会技術報告第555号，1995

(3) 固体絶縁材料の界面効果調査専門委員会：「固体絶縁材料の界面効果」，電気学会技術報告第488号，1994

CASE.17　高圧電線支持物の焼損

　高圧自家用電気設備（キュービクル式）の点検時に，引込みケーブルと電力需給用計器用変成器（以下「VCT」という）間の電線を支持している電線支持物の焼損を発見した．このまま使用を継続すれば事故・故障に結び付くおそれがあることから，電線支持物を交換して持ち帰り，焼損原因を調査した．

　以下に，電線支持物の焼損原因および再発防止策などを記述する．

1　電線支持物の使用状態と焼損状況

　電線支持物の焼損は青相と白相にて生じており，このうち，青相の電線支持物は焼き切れていたほか，引込みケーブルとVCTを接続するPJコネクタ絶縁カバーの一部が焼損していた．

　第1図に電線支持物の焼損状態を示し，**第2図**に焼損した電線支持物を示すほか，**第3図**には絶縁カバーの焼損状況を示す．

2　当該設備の調査結果

　電線支持物の焼損は2箇所のみであり，他の電線支持物に異常はなかった．

　また，引込みケーブルとVCTの接続箇所や電線には過熱，変色は生じていなかった．

　当該設備は，塩害地区（超重汚損地区）に設置された屋外地上キュービクルであり，使用年数は20年を経過しており，キュービクル内には砂ぼこりが堆積していた．

　焼損した青相，白相の電線支持物と絶縁カバーとの間隔は，数mm程

第1図 電線支持物の焼損状態

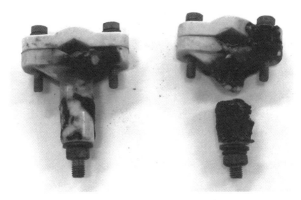

第2図 焼損した電線支持物

第3図　絶縁カバーの焼損状況

度であり，焼損しなかった赤相の電線支持物と絶縁カバーの間隔は1cm程度であった．

焼損した電線支持物の材質は，成分分析の結果から「ナイロン6」であり，230℃ほどで溶損することが判明した．

3　電線支持物の焼損原因

電線支持物は，使用される環境の影響を受けて経年的に劣化するとともに，表面が汚損湿潤することにより，絶縁特性は大幅に低下する．絶縁性能の低下した電線支持物では，沿面方向に高電圧が印加されると，沿面の漏れ電流により生じるジュール熱や乾燥帯（ドライバンド）の形成によって，発生する部分放電やアーク放電から生じる熱により局部過熱され，沿面方向には炭化導電路（トラッキング）を形成する．

焼損した青相，白相の電線支持物と絶縁カバー（引込みケーブルとVCTの接続箇所）との間隔は数ミリ程度であった．

電線支持物が焼損した原因は，経年使用による劣化と沿面の汚損湿潤に加え，接続箇所から電線支持物までの沿面距離が不足していたため，部分放電やアーク放電が発生しやすい状況にあったことから炭化導電路（トラッキング）を形成して，ついには全路破壊となってアーク放電が生じ，高温が発生したためと推断した．

4 防止対策

　焼損した青相と白相の電線支持物と絶縁カバーとの間隔は，数 mm 程度であった．

　日本工業規格（JIS C 4620「キュービクル式高圧受電設備」）によれば，電線末端充電部から電線支持物までの沿面距離は 130 mm 以上を規定している．

　当該設備のように，絶縁カバー（引込みケーブルと VCT の接続箇所）との間隔が，数 mm 程度であり，電線末端充電部からの沿面距離が 130 mm 未満であるような引込みケーブルと VCT の接続付近の支持には，電線支持物を用いず支持がいしを使用する必要がある（**第 4 図**参照）．

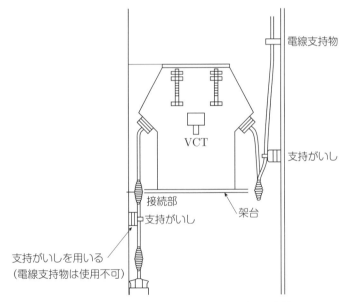

第 4 図　引込みケーブルと VCT の接続付近の支持

〔参考出典〕
(1) 配電設備劣化診断・予知技術調査委員会：「配電設備劣化診断技術の動向」，電気学会技術報告第 555 号，1995
(2) 固体絶縁材料の界面効果調査専門委員会：「固体絶縁材料の界面効果」，電気学会技

術報告第 488 号，1994

(3)　電気学会通信教育会：「電気設備の診断技術」，電気学会，1988

CASE.18 高圧コンデンサ用限流ヒューズが突然破壊

　ある製造工場（機械部品）の高圧自家用電気設備にて，通常どおりに稼動していた高圧コンデンサ用限流ヒューズ筒が突然破裂する故障が生じた．限流ヒューズ筒の破裂に伴い，三相短絡故障に移行して工場全体の停電に至った．

　原因究明の結果，限流ヒューズ筒の破壊は，限流ヒューズ本体の異常発熱に起因していることが判明した．以下に，限流ヒューズ筒が破裂に至った経緯および再発防止策などを記述する．

1　限流ヒューズ筒の破壊状況

　当該設備の高圧コンデンサ用（150 kV·A × 2 台，6 ％ リアクトル付）高圧負荷開閉器（以下，「LBS」という）の電源側には，真空開閉器（以下，「VCS」という）が設置されていた．

　VCS は受電設備の力率改善として，高圧コンデンサを入・切するために用いており，毎日始業時と終業時には投入，開放を繰り返していた．

　設備の稼動中にて突然，LBS の T 相に設置されている限流ヒューズ筒が破裂した．

　R 相および S 相の限流ヒューズは溶断表示スプリングが飛び出しており，ヒューズ溶断を示していた．また，LBS は焼損しており，アーク痕跡が生じていた．

2　限流ヒューズの調査結果

　限流ヒューズを調査した結果は，次のようであった．
　T 相の限流ヒューズ筒は破裂しておりヒューズエレメント，消弧砂が過

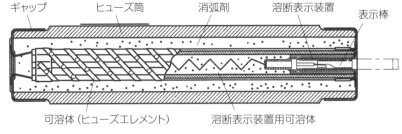

第1図 限流ヒューズの内部構造

熱によってガラス質状になり,限流ヒューズ筒の破裂した一部が付着している状態であった.

R相,S相の限流ヒューズは調査結果(X線撮影による溶断状況)より,限流ヒューズ定格の5倍ほどの過大電流が,短時間通電したことが判明した.**第1図**に限流ヒューズの内部構造を示す.

3 限流ヒューズの溶断原因

T相の限流ヒューズ破裂後のヒューズエレメントや消弧砂は,ガラス質状になっており,このような状態は,ヒューズエレメントの溶断後も定格値程度の電流がアークを伴って,長時間にわたり通電したことにより,限流ヒューズ筒が異常過熱して破壊に至った場合に発生する.ヒューズエレメントの溶断原因としては,高圧コンデンサの投入と開放を毎日繰り返しており,かつ経年使用(使用年数19年ほど)されていることから,ヒューズエレメントの劣化による「小電流遮断」が生じたと推察する.

小電流遮断が生じたヒューズエレメントの溶断箇所では,再点弧(数Hz単位で消弧と点弧を繰り返す現象)の継続により,T相の限流ヒューズは発熱して1 500 ℃以上に温度上昇したため,消弧剤の溶融と限流ヒューズ筒の破壊に至った.

R相およびS相の限流ヒューズ溶断の溶断原因としては,T相の限流ヒューズ筒破壊により,アークせん絡が発生してLBSの電源側,負荷側での短絡に至ったため,瞬時的な過大電流が流れて溶断するとともに,

第1表 故障発生の過程

限流ヒューズ	様　相
T 相限流ヒューズ	① 「小電流遮断」現象が発生 ↓ ② 再点弧の繰り返し発熱 ↓ ③ 限流ヒューズ1 500 ℃以上に温度上昇 ↓ ④ 限流ヒューズの消弧剤が溶融 ↓ ⑤ 限流ヒューズのヒューズ筒（がい管部）破裂 ↓ ⑥ 空気絶縁破壊 ↓ ⑦ 三相短絡発生 ↓
R 相および S 相限流ヒューズ	⑧ R 相および S 相の限流ヒューズ寸断

LBS の焼損に至ったと推察した．**第1表**に，三相短絡故障に進展して，R 相および S 相の限流ヒューズが溶断するまでの過程を示す．

4　再発防止対策

　保守点検では，ヒューズ筒に汚損，破損，亀裂などがないこと，発熱による変色・異常の有無を点検し，異常があるものは交換する．

　また，限流ヒューズの「小電流遮断現象」は，経年劣化に起因することから，設備の経年劣化管理をすることが，故障を未然防止するため効果的である．

　日本電機工業会から**第2表**に示すよう，高圧機器の更新推奨時期が提示されている．

第2表 更新推奨時期

機　種	更新推奨時期（使用開始後）	
高圧限流ヒューズ	屋内用	15 年
	屋外用	10 年

この更新時期は，機能や性能に対する保証値でなく，通常の環境のもとで通常の保守点検を行って使用した場合に，機器構成材の老朽化などにより，新品と交換した方が経済性を含めて一般的に有利と考えられる時期を示すものである．

【参考】　ヒューズエレメントの劣化（JIS C 4604 より抜粋）

　ヒューズでは，過電流とその通電時間および繰返しによって，溶断しなくてもヒューズエレメントの劣化変質を生じる範囲がある．しかし，十分裕度をとってヒューズの定格電流を選定すれば，実用上はほとんど問題ないことになる．ヒューズが短絡電流を遮断したときに，3相とも動作しないで1相または2相のヒューズが未遮断で残ることがある．このような場合は，残ったヒューズも劣化しているおそれがあるので，全相の取り換えを推奨する．そのため予備ヒューズは，3相分を1組として準備する必要がある．

参考出典
(1)　「高圧気中負荷開閉器用ヒューズの保守点検と更新のおすすめ」，富士電機機器制御
(2)　JIS C 4604：1988 高圧限流ヒューズ

CASE.19 油入変圧器の故障（低圧巻線のレイヤショート）

　ある顧客の設備（高圧自家用電気設備）にて，突然，空調機が停止する故障が生じた．現場出向して調査したところ，空調機へ電源を供給している変圧器用カットアウトスイッチのヒューズが溶断しており，かつ変圧器の高圧側ブッシング（W相）と呼吸器が破壊して，絶縁油が噴油していた（**第1図**参照）．

第1図　高圧側ブッシングの破損と絶縁油の噴油

　電源復旧のため，変圧器を交換するとともに，故障した変圧器を持ち帰って原因究明の調査を行った．調査の結果，故障原因は低圧巻線のレイヤショート（層間短絡）であることが，判明した．

　以下に，各種の調査結果や故障に至った原因および防止策などを記述する．

1　故障変圧器の使用状況

　故障した変圧器の使用負荷は，空調機とエレベータであり，夏季には空

調機の使用により，変圧器定格の 150 % ほどの負荷にて稼動していた．また，エレベータ使用時には，空調機負荷のほかに，100 A ほどの電流が加わっていた．

変圧器容量は $3\phi\,80\,kV{\cdot}A$，定格二次電流は 220 A であった．

2 故障変圧器の調査結果

(1) 絶縁油の診断

① 油中ガス分析結果

変圧器内部で過熱や放電が生じた場合には，絶縁油中にて各種のガスが発生して，溶存する．絶縁油中に溶存するガスの種類や量を分析して知ることにより，変圧器内部で生じた異常現象を把握することができる．故障した当該変圧器絶縁油の油中ガス分析結果を**第1表**に示し，**第2表**に抽出ガスと異常の種類を示す．

第1表　油中ガス分析結果

抽出ガス	判定基準値 [ppm]			分析値	判定結果
	要注意 I [※1]	要注意 II [※2]	異常[※3]		
CO （一酸化炭素）	$\geqq 300$			1 148	要注意 I
H$_2$ （水素）	$\geqq 400$			206	
CH$_4$ （メタン）	$\geqq 100$			3 579	要注意 I
C$_2$H$_2$ （アセチレン）	$\geqq 0.5$	$\geqq 0.5$	$\geqq 5$	14 870	異常
C$_2$H$_6$ （エタン）	$\geqq 150$			857	要注意 I
C$_2$H$_4$ （エチレン）	$\geqq 10$	$C_2H_4 \geqq 10$ かつ $TCG \geqq 500$	$C_2H_4 \geqq 100$ かつ $TCG \geqq 700$	8 232	異常
TCG （可燃性ガス合計）	$\geqq 500$			28 892	異常

※1　要注意 I レベル
　この状態では異常とは断定できないが，平常状態から逸脱して何らかの内部変化があると判定されるレベル
※2　要注意 II レベル
　内部異常の特徴ガスである C$_2$H$_4$ （エチレン）と C$_2$H$_2$ （アセチレン）に着目し，それに TGC との組合せで判断し，変圧器内部に異常の兆候が現れていると断定できるレベル
※3　異常レベル
　要注意 II の現象の程度，規模が進展していき，特徴ガス（C$_2$H$_2$，C$_2$H$_4$）量が増加して，変圧器内部に異常が明らかに発生していると判定できるレベル

第2表　抽出ガスと異常の種類

抽出ガス	異常の種類			
	絶縁油の過熱	固体絶縁物の過熱	絶縁油中の放電	固体絶縁物の放電
CO（一酸化炭素）		◎		◎
H_2（水素）	○	○	◎	◎
CH_4（メタン）	◎	◎	○	○
C_2H_2（アセチレン）			◎	◎
C_2H_6（エタン）	○	○		
C_2H_4（エチレン）	◎	◎	○	○

※　◎印は特徴的なガス

　油中ガス分析結果からわかるように，C_2H_2（アセチレン）とC_2H_4（エチレン）が異常に多く抽出されている．C_2H_2（アセチレン）やC_2H_4（エチレン）は，高温時に生成され，特にC_2H_2（アセチレン）はC_2H_4（エチレン）より，さらに高温で生成されるガスであり，C_2H_2（アセチレン）は放電現象の特徴ガス，C_2H_4（エチレン）は放電および過熱に伴い発生する特徴ガスとされている．第1表のガス分析結果から，変圧器内部にてアーク放電の生じたことが，裏付けられた．

② 　フルフラール生成量

　絶縁油中に溶存するフルフラール生成量[i]の測定結果を**第3表**に示す．

　フルフラール生成量と油入変圧器の寿命は，密接な関係にある．測定結果に示すよう判定は「異常」であり，変圧器の絶縁紙は劣化してもろくなり，経年劣化がかなり進んでいる状態にあった．

第3表　フルフラール生成量の測定結果

項　目	測定値	判定結果
フルフラール生成量 [mg/g]	0.534	異常

※　判定基準値　正常：＜0.002，要注意：0.002～0.034，異常：＞0.034

③ 　絶縁油中の水分量

　絶縁油中水分量の測定結果を**第4表**に示す．

第4表　絶縁油の水分量

項　目	測定値	判定結果
水分量〔ppm〕	125.3	異常

※　判定基準値　正常：＜40，要注意：40～5，異常：＞50

(2)　絶縁紙の平均重合度測定

絶縁紙の平均重合度測定結果を**第5表**に示す．

測定結果からわかるように，高圧側の絶縁紙は危険域にあり，引張り強さ残率がほとんど消失している状態（残率15％）であった．また，低圧側の絶縁紙は寿命域にあり，外部短絡時に絶縁紙が耐えうる限界の引張り強さ（残率約60％）に達した状態にあった．

第5表　平均重合度の測定結果

採取箇所	平均重合度
高圧側絶縁紙	177
低圧側絶縁紙	322

※　判定基準値　寿命域：≦450，危険域：≦250

(3)　外観，つり上げおよび解体調査

高圧側W相のブッシングは破損して，絶縁油が噴油していたほか，変圧器の呼吸器は焼損，破壊していた．巻線，鉄心をつり上げたところ，U相の巻線下部に焼損が生じていた（**第2図**参照）．

焼損の生じたU相を調査するため，絶縁紙層を1層ずつ切り開いた．この結果，高圧側巻線や絶縁紙に異常は生じていなかったが，低圧側巻線の4ターン目以降から鉄心に至るまでの絶縁紙層間は，レイヤショートが生じており，巻線の溶損度合は鉄心に向かうほど大きくなっていた（**第3図**参照）．

なお，絶縁油のガス分析より，C_2H_2（アセチレン）とC_2H_4（エチレン）が異常に多く抽出されており，この原因は，層間短絡によって生じたアーク放電によることが判明した．

第2図　巻線（U相）下部の焼損状態

第3図　鉄心の溶損状態

3　故障に至った原因

　フルフラール生成量や絶縁紙の平均重合度[ii]の測定結果より，絶縁紙の劣化はかなり進行してもろくなっていたことがわかった．

　また，絶縁油中の水分量は異常域に達していたことから，低圧側巻線（U相）が絶縁破壊した原因は，絶縁紙の劣化に伴う引張り強さの低下が原因で巻線に加わった電磁機械力により絶縁紙の破損をもたらすとともに，絶縁油中への吸湿による絶縁低下から，絶縁紙層間の短絡への引き金

となり，絶縁破壊を生じて故障に至ったと推断する．

4 防止対策

　変圧器の経年による過負荷使用は，絶縁紙の劣化を来すことから変圧器の寿命に結び付き，突然の故障停電に遭遇するおそれがある．故障の防止には，過負荷使用を解消するため設備更新を検討していただくほか，日常の過熱状況の把握や定期的に絶縁油試験を行って，劣化度合いの把握に努めることが，故障の未然防止として大切である．

参考出典
(1) 電力用変圧器保守管理専門委員会「油入変圧器の保守管理その1」，電気協同研究，第54巻第5号，1999
(2) 電気協同研究会編「劣化診断マニュアル」，電気書院，1991
(3) 絶縁材料の劣化と機器・ケーブルの絶縁劣化判定調査専門委員会「絶縁材料の劣化と機器・ケーブルの絶縁劣化判定の実態」，電気学会技術報告第752号，2000

(i) フルフラール生成量
　絶縁紙を構成するセルロース分子は，加熱によって分解する．フルフラールは，セルロース分子の分解に伴って，絶縁油中に溶存する物質であり，フルフラールの生成とともに，絶縁紙は劣化してもろくなり，レイヤショートが生じやすくなる．
(ii) 平均重合度
　絶縁紙は経年による加熱使用により，劣化が促進する．絶縁紙の劣化度は，セルロース分子をつくっているグルコースの数（＝平均重合度）で表される．劣化が起きると，絶縁紙を構成するセルロース分子の低分子量化が生じる．これが平均重合度の低下である．セルロース分子の低分子量化は，紙材料の劣化すなわち引張り強さの低下につながる．

CASE.20 油入変圧器の故障（高圧巻線のレイヤショート）

 高圧自家用電気設備にて使用されている油入変圧器（以下「変圧器」という）の低圧側電圧がアンバランスになり，その後，地絡故障に至った．故障した変圧器を交換したのち，持ち帰り調査したところ，高圧巻線にレイヤショートによる焼損が生じていた．

 以下に，変圧器がレイヤショートに至り，低圧側電圧のアンバランスを生じた原因などを記述する．

1　変圧器の使用状況

 故障した変圧器（3ϕ 75 kV·A, 6 300 V/210 V, Y-△）の使用年数は25年を経過しており，過負荷による過熱状態にて使用されていた．外箱に貼付された示温テープ色の変化から，90 ℃以上の温度上昇が確認された．

2　変圧器の調査結果

 変圧器の故障原因究明に資するため，各種の調査を実施した．調査項目と実施結果を以下に示す．

(1) 巻線の抵抗測定

 高圧側および低圧側ブッシングの端子間にて，各相間の巻線抵抗を測定した．測定結果を**第1表**に示す．測定結果より，高圧側巻線のV-W間お

第1表　巻線の抵抗値

	U-V 間	V-W 間	W-U 間
高圧側巻線	7.44 Ω	導通なし	導通なし
低圧側巻線	u-v 間	v-w 間	w-u 間
	6.33 mΩ	6.27 mΩ	6.26 mΩ

およびW-U間の導通がないことから，W相にて断線していることが判明した．

(2) **つり上げおよび解体調査**

故障した当該変圧器の巻線をつり上げたところ，高圧側巻線のW相から鉄心に向けて，アーク痕跡が生じていた（**第1図**参照）．高圧側巻線を剥がして解体したところ，巻線（W相）は絶縁紙を介した5層にわたって，5巻線ほどが溶断していた（**第2図**参照）．

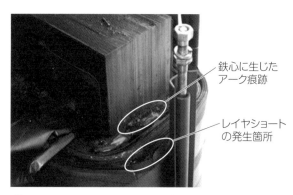

第1図 高圧側巻線のW相および鉄心に生じたアーク痕

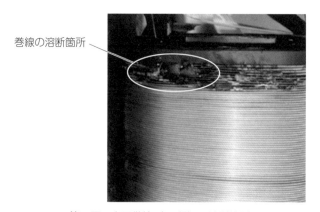

第2図 高圧巻線（W相）の溶断箇所

⑶ 絶縁油の診断

① 油中ガス分析

故障した当該変圧器絶縁油の油中ガス分析結果を**第2表**に示す.

油中ガス分析より,アセチレンおよび他の可燃性ガスも多量に検出されていたことから,絶縁油中にて放電が発生したと断定できた.

第2表 油中ガス分析結果

抽出ガス	判定基準値 [ppm]			分析値	判定結果
	要注意Ⅰ[※1]	要注意Ⅱ[※2]	異常[※3]		
CO(一酸化炭素)	≧ 300			181	
H_2(水素)	≧ 400			112	
CH_4(メタン)	≧ 100			589	要注意Ⅰ
C_2H_2(アセチレン)	≧ 0.5	≧ 0.5	≧ 5	921	異常
C_2H_6(エタン)	≧ 150			68	
C_2H_4(エチレン)	≧ 10	C_2H_4 ≧ 10 かつ TCG ≧ 500	C_2H_4 ≧ 100 かつ TCG ≧ 700	581	異常
TCG(可燃性ガス合計)	≧ 500			2 452	

※1 要注意Ⅰレベル
　この状態では異常とは断定できないが,平常状態から逸脱して何らかの内部変化があると判定されるレベル
※2 要注意Ⅱレベル
　内部異常の特徴ガスである C_2H_4 と C_2H_2 に着目し,それに TCG との組合せで判断し,変圧器内部に異常の兆候が現れていると断定できるレベル
※3 異常レベル
　要注意Ⅱの現象の程度,規模が進展していき,特徴ガス(C_2H_2, C_2H_4)量が増加して,変圧器内部に異常が明らかに発生していると判定できるレベル

② フルフラール生成量

絶縁油中に溶存するフルフラール生成量の測定結果を**第3表**に示す.

フルフラール生成量と油入変圧器の寿命は密接な関係にある.第3表の判定結果に表す異常(劣化度Ⅲ)とは,変圧器の絶縁紙が劣化してもろく

第3表 絶縁油試験結果

試験項目	測定値	判定結果
フルフラール生成量 [mg/g]	0.181	異常

※　判定基準値　正常:< 0.002, 要注意:0.002 ～ 0.034, 異常:> 0.034

なり，経年劣化がかなり進んでいる状態を示す．

(4) 絶縁紙の平均重合度測定

絶縁紙の平均重合度測定結果を**第4表**に示す．

第4表 平均重合度の測定結果

採取箇所	平均重合度
高圧側立上りリード絶縁紙	303
低圧側クラフト紙	468

※ 判定基準値 寿命域：≦ 450，危険域：≦ 250

測定結果からわかるように，高圧側の絶縁紙は寿命域に達しており，外部短絡時に絶縁紙が耐えうる限界の引張強さ（残率約 60 %）に達した状態にあった．

【補足】 寿命域とは外部短絡時に絶縁紙が耐え得る限界の引張強さ（残率約 60 %）に達したことを意味し，一方，危険域とは引張強さ残率がほとんど消失している状態（残率約 15 %）を意味している．

3 変圧器の故障原因

故障した当該変圧器は，使用年数が 25 年を経過しており，過負荷による過熱した状態にて使用されていたことから，絶縁紙は劣化進行した．絶縁紙の劣化に伴い，絶縁紙はもろくなって絶縁低下をきたし，絶縁紙層間にて部分放電が生じるほか，巻線に加わった電磁機械力により絶縁紙の破損をもたらしてレイヤショートとなった．その後，レイヤショートは進行していき，巻線が溶断するとともについには，鉄心にアークが生じて地絡故障に至ったと推断した．

4 低圧側電圧にアンバランスを生じた原因

故障した当該変圧器は，絶縁紙層間の絶縁低下に伴う部分放電の発生と進行によって，絶縁紙層間が溶着した．絶縁紙層間の溶着によって，レイヤショートした間の巻線数は，高圧巻線全数からみれば減少したことにな

る．ゆえに，レイヤショートした W 相では高圧巻線と低圧巻線の巻数比が正常時より減少して，低圧側電圧の上昇をきたすことになり，各相の電圧にアンバランスを生じた．**第5表**に各相電圧（低圧側）のアンバランス状態を示す．

第5表 各相電圧（低圧側）のアンバランス状態

相間	u-v 間	v-w 間	w-u 間
電圧（V）	249	217	217

5 故障の防止対策

　絶縁紙の劣化は，油入変圧器の寿命に結び付いており，経年の過負荷による過熱使用に依存している．故障の防止には，過負荷使用を解消するため設備更新を検討してもらうほか，日常点検では過熱状況の把握や定期的に絶縁油試験を行って，劣化度合いの把握に努めることが故障の未然防止として大切である．また，当該事例のように低圧側電圧にアンバランスが確認された場合は，速やかに内部点検を行うとともに，必要に応じた措置を施すことが重要である．

【補足】（Y-△結線）の低圧側電圧のアンバランスと高圧巻数の減少

　事例に示す各相（低圧側）のアンバランスな電圧値から，高圧巻線の減少数を演算によって，以下のように算出した．

$$V_{2a} = (E_a - E_o)(N + N_x) \qquad ①$$
$$V_{2b} = (a \cdot E_a - E_o)N \qquad ②$$
$$V_{2c} = (a^2 \cdot E_a - E_o)N \qquad ③$$

ただし，E_a：a 相の三相平衡電圧，E_o：中性点の電位，N：b，c 相の巻数比，N_x：b，c 相と a 相の巻数比の差，a：$-1/2 - \mathrm{j}\sqrt{3}/2$，$a^2$：$-1/2 + \mathrm{j}\sqrt{3}/2$，$V_{2a}$，$V_{2b}$，$V_{2c}$：二次側の各相電圧

　①，②，③式の総和が零という条件から

$$E_o = E_a \cdot \frac{N_x}{3N + N_x} \tag{④}$$

①，②，③式と④式から

$$V_{2a} = E_a \left(1 - \frac{N_x}{3N + N_x} \right)(N - N_x) \tag{⑤}$$

$$V_{2b} = E_a \left(a - \frac{N_x}{3N + N_x} \right) N \tag{⑥}$$

$$V_{2c} = E_a \left(a^2 - \frac{N_x}{3N + N_x} \right) N \tag{⑦}$$

（解体調査から使用タップ 6.6 kV における一次巻線数は 793 ターン，二次巻線数は 44 ターン）

高圧側がY結線であるとき，低圧側（△結線）の各相電圧がアンバランスになった場合には，低圧側各相電圧の総和が零になるように高圧側Y結線の中性点電位が移動するため，①，②，③式に示すように，中性点の電位（E_o）が生じる．

⑤，⑥式に $V_{2a} = 249$ V，$V_{2b} = 217$ V，$N = 44/793$ を代入して，E_a と N_x を求めると，

$$E_a = 3\,710 \text{ V}, \quad N_x = 0.0195$$

となる．W_s をレイヤショートした巻線数とすると $N + N_x = 44/(793 - W_s)$ の関係から，

$$W_s = 206$$

となる．

ゆえに，演算結果からはレイヤショートによる絶縁紙層間の溶着によって，巻線数が 206 ターン減少したことになる．

故障した当該変圧器の故障箇所は高圧巻線の上層部であり，レイヤショートによって絶縁紙層の2層間が溶着していた．鉄心の上端から下端までの巻線数は 110 ターンであり，絶縁紙層の2層間の溶着によって，220 ターンほどの高圧巻線が減少することを解体調査より確認した．各相

（低圧側）のアンバランス電圧値から算出した高圧巻線の減少数は，上記に示すよう206ターンであり，この結果は，解体調査より確認した巻線減少数（220ターン）とほぼ一致した．

参考出典
(1)　電力用変圧器保守管理専門委員会「油入変圧器の保守管理その1」，電気協同研究，第54巻第5号，1999
(2)　絶縁材料の劣化と機器・ケーブルの絶縁劣化判定調査専門委員会「絶縁材料の劣化と機器・ケーブルの絶縁劣化判定の実態」，電気学会技術報告第752号，2000

CASE.21 油入変圧器の故障
(内部低圧側端子の焼損)

　高圧自家用電気設備にて使用されている，油入変圧器（以下「変圧器」という）の低圧側電圧にアンバランスが生じた．外観には異常が見受けられなかったが，低圧側端子付近は異常に温度が上昇していた．変圧器を停電させて内部点検したところ，低圧側端子の変色（焼損）が確認された．変圧器を交換したのち，持ち帰って内部調査を行った．

　以下に，調査結果から得られた，絶縁油ガス分析結果と内部異常の関係や焼損に至った原因および再発防止（予防保全）などを記述する．

1　変圧器の使用状況

　焼損した当該変圧器（3φ150 kV·A，6 600 V/440 V）の使用年数は，14年を経過しており，夏季には140％ほどの過負荷にて使用されていた．第1表に変圧器の内部異常により生じた，各相電圧（低圧側）のアンバランス状態を示す．

第1表　各相電圧（低圧側）のアンバランス状態

相間	u-v 間	v-w 間	w-u 間
電圧（V）	440	200	200

2　変圧器の調査結果

(1)　外観および内部低圧側端子の焼損状態

　変圧器の外観より，上ぶたの周囲や油面温度計の取り付け部分には，絶縁油の噴油した痕跡が生じていた．上ぶたのガスケットは過熱によって劣化進行しており，損壊に至っていた．

油入変圧器の故障（内部低圧側端子の焼損）　　　　　　　　　　　　　　　105

　内部巻線端部の低圧側端子（u相，v相）締め付けナットを外したところ，u相巻線端部の締め付け部分にて焼損を確認した．v相の焼損はすでに確認しており，u相・v相にて焼損の生じていたことがわかった（**第1図**参照）．

　v相の巻線端部の締め付け部分は，過熱焼損による破断が進行しており，締め付けに使用されていた座金には，過熱による溶融痕が生じていた（**第2図**，**第3図**参照）．

第1図　焼損した変圧器内部の低圧側端子

第2図　v相巻線端部の焼損状態（25倍）

第3図 v相締め付け座金に生じた溶融痕(50倍)

(2) **絶縁油の診断**

変圧器内部の低圧側端子が焼損しており，焼損により故障に至った原因究明に資するため，絶縁油のガス分析を行った．油中ガス分析結果を**第1表**に示す．

第1表 油中ガス分析結果

抽出ガス	判定基準値 [ppm] 要注意I[※1]	判定基準値 [ppm] 要注意II[※2]	判定基準値 [ppm] 異常[※3]	分析値	判定結果
CO (一酸化炭素)	≧ 300			36	
H_2 (水素)	≧ 400			47	
CH_4 (メタン)	≧ 100			46	
C_2H_2 (アセチレン)	≧ 0.5	≧ 0.5	≧ 5	9	異常
C_2H_6 (エタン)	≧ 150			477	要注意I
C_2H_4 (エチレン)	≧ 10	C_2H_4 ≧ 10 かつ TCG ≧ 500	C_2H_4 ≧ 100 かつ TCG ≧ 700	535	異常
TCG (可燃性ガス合計)	≧ 500	C_2H_4 ≧ 10 かつ TCG ≧ 500	C_2H_4 ≧ 100 かつ TCG ≧ 700	1 150	異常

※1 要注意Iレベル
　この状態では異常とは断定できないが，平常状態から逸脱して何らかの内部変化があると判定されるレベル
※2 要注意IIレベル
　内部異常の特徴ガスである C_2H_4 と C_2H_2 に着目し，それに TCG との組合せで判断し，変圧器内部に異常の兆候が現れていると断定できるレベル
※3 異常レベル
　要注意IIの現象の程度，規模が進展していき，特徴ガス (C_2H_2, C_2H_4) 量が増加して，変圧器内部に異常が明らかに発生していると判定できるレベル

3 絶縁油診断結果から判明したこと

絶縁油ガス分析によって，分析された各種ガスの組成比から，故障に至るまでの過程を次のように推察した．

アセチレンは放電の特徴ガスであり，アセチレンが検出されれば放電が生じた証となる．アセチレンと他の炭化水素との比は，過熱と放電現象を判別する目安になる．

エチレンは中・高温過熱によって生じる特徴ガスであり，エチレンと飽和炭化水素（メタン，エタン）との比は，過熱温度推定の目安になる．

以上のことから，分析した可燃性ガスの組成比（アセチレン／エチレン，エチレン／エタン）より，故障した当該変圧器では，700 ℃を超える過熱や過熱＋放電箇所の存在が推定された．また，比較的低温で過熱された場合に多く検出されるエタンと中・高温で多く検出されるエチレンの検出量にあまり差がないことから，異常はまず低温過熱から始まり，高温過熱に移行して最終的には，放電現象に至ったものと考えられた．

このような，過熱症状から異常箇所は，変圧器内部にある接続部分の接触不良によると推定された．当該変圧器の故障は，低圧側巻線端部の締め付け箇所の焼損（接触不良）によるものであり，油中ガス分析結果から推察した異常状態（接続部分の接触不良）と一致していた．

4 故障原因

故障した当該変圧器の負荷は冷凍機であり，夏季には140 ％ほどの過負荷にて年中稼動する使用状態にあった．

変圧器内部の低圧側端子締め付け部分が焼損した原因は，経年の過負荷過熱に伴う端子接触界面の劣化（熱冷の繰り返しによる接触界面の変形）によって，接触抵抗が増大していき，締め付け部分の温度上昇が促進したことによる．なお，v相はu相とw相の中間にあることから，双方（u相とw相）の過熱部分（端子）からの放熱による影響を受けるため，他相

と比べて温度上昇が促進されることになり，過熱・焼損が進行したと推断した．

5 再発防止（予防保全）

　当該故障は，経年の過熱使用に依存することから，故障の未然防止として変圧器の過熱を検出するためには，常時の温度監視が必要である．温度監視は放射温度計による測定のほか，過去の温度上昇を確認できる不可逆性示温テープの貼付により，効果が得られる．油面温度計の取り付け部分やハンドホールの周囲に絶縁油の噴油した痕跡が生じれば，著しい絶縁油の温度上昇が予想されるため，変圧器内部の点検や負荷調整等が必要である．

【補足】　電気協同研究第 54 巻第 5 号「油入変圧器の保守管理その 1」では，油中ガス分析により検出された可燃性ガスとしてアセチレン（C_2H_2），エチレン（C_2H_4）およびエタン（C_2H_6）の 3 種ガスの組成比（C_2H_2/C_2H_4，C_2H_2/C_2H_6，C_2H_4/C_2H_6）を算出して，それぞれコード表にコードを付し，そのコードの組合せによって，異常現象の内容を推定する方法を示している．**第 2 表**に異常診断コード表を示し，**第 3 表**に異常診断表を示す．

第 2 表　異常診断コード表

ガス成分の比率	C_2H_2/C_2H_4	C_2H_2/C_2H_6	C_2H_4/C_2H_6
$\leqq 0.01$	a	a	a
$> 0.01 \sim < 0.2$	b	b	a
$\geqq 0.2 \sim < 1$	c	b	a
$\geqq 1 \sim < 4$	c	c	b
$\geqq 4 \sim < 10$	c	c	c
$\geqq 10$	c	d	d

※　C_2H_2：アセチレン，C_2H_4：エチレン，C_2H_6：エタン
　　a，b，c，d は「電気協同研究第 54 巻第 5 号油入変圧器の保守管理その 1」に示す異常診断のコードを示す．

第3表 異常診断表

C_2H_2/C_2H_4	C_2H_2/C_2H_6	C_2H_4/C_2H_6	現象推定
c	d	a, b, c, d	アーク放電（高エネルギー放電）
c	c	d	
c	c	a, b, c	放電（中エネルギー放電）
c	b	a, b, c	部分放電（低エネルギー放電）
d	b	b, c, d	放電＋過熱高（700 °C 超）
a	a, b	c, d	過熱高（700 °C 超）
a	a, b	b	過熱中（300 ～ 700 °C 超）
a	a	a	過熱低（300 °C 以下）

※ C_2H_2：アセチレン，C_2H_4：エチレン，C_2H_6：エタン
　 a, b, c, d は第2表の異常診断のコードを示す.

・ガス組成比から推定した故障変圧器における異常現象の状態

　油入変圧器では，一定期間ごとに油中ガス分析を行いガス組成比の変化を調査することによって，異常現象を把握することが可能である．事例に示す故障変圧器のガス分析結果から得られた，ガス組成比ごとのガス成分比率（第2表参照）と推定される異常現象の状態を**第4表**に示す．

第4表 故障変圧器のガス成分比率と異常現象の状態

ガス組成比	ガス成分比率	区分	異常現象の状態
C_2H_2/ C_2H_4	0.017	b	放電部および 700 °C を超える過熱部の存在が推定される.
C_2H_2/ C_2H_6	0.019	b	
C_2H_4/ C_2H_6	1.12	b	中高温不具合部の存在が推定される.

※ ガス成分比率は第1表の分析結果より算出した値を示す.

　第4表の異常現象の状態に示すよう，故障した変圧器の異常はまず低温過熱から始まり，高温過熱に移行して最終的には，放電現象に至ったものと考えられた．

参考出典
(1) 電力用変圧器保守管理専門委員会「油入変圧器の保守管理その1」，電気協同研究，第54巻第5号，1999
(2) 堀田悦博「電気火災概論」，1991

CASE.22 直列リアクトルの高調波による障害（その1）

高圧自家用電気設備における電力コンデンサ用直列リアクトルは，配電系統の第5次以上の高調波電圧を誘導性にして，高調波電圧の増大を防ぐ目的のほか，コンデンサ投入時における突入電流を抑制する役割を担っている．

ある高圧自家用電気設備にて，直列リアクトルから異常音を発し，その後に焼損する事象が生じた．直列リアクトルが焼損した原因を調査した結果，焼損原因は高調波電流の流入によることが判明した．以下に直列リアクトルが焼損に至った要因および防止対策などを記述する．

1 当該設備の概要と故障の発生状況

当該設備（設備容量：1 900 kV·A）には，6％直列リアクトル付コンデンサ（リアクトル容量：9 kV·A，コンデンサ容量：150 kvar）が4バンク設置されており，このうち2台の直列リアクトルが異常音を発生した後，焼損に至った．

当該設備の使用年数は，3年半ほどであった．

2 故障原因の調査

(1) 外観調査結果

外観を調査したところ故障した直列リアクトルの中央部には膨らみが生じており，ブッシングから下部に変色が生じていた．

(2) 分解調査および絶縁油診断の結果

分解してコイルをつり出したところ，絶縁油の過熱劣化に伴う強い臭いが生じていた．

絶縁油の診断結果から，放電および高温過熱に伴い生じる可燃性ガスが検出されており，異常レベルに達していた．

(3) コンデンサの調査結果

焼損した2台の直列リアクトルに付帯して設置されたコンデンサの調査として，外観調査および絶縁抵抗測定，静電容量測定を実施した．

この結果，2台のコンデンサともに異常は認められなかった．

(4) 高調波の測定結果

直列リアクトルの焼損原因として，高調波の流入が考えられることから，当該設備の主遮断器負荷側に設置された計器用変圧器（以下「VT」という．）の二次側に測定装置を設置して，3月4日(金)〜3月7日(月)まで高調波電圧の測定を実施した．測定結果を**第1図**に示す．

第5調波電圧最大値発生時刻：
3月4日(金) 7時4分（7.8 V，含有率：7.1 %）

第5調波電圧最大値発生時刻：
3月5日(土) 22時24分（8.2 V，含有率：7.45 %）

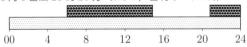
第5調波電圧最大値発生時刻：
3月6日(日) 23時20分（7.8 V，含有率：7.1 %）

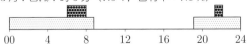
第5調波電圧最大値発生時刻：
3月7日(月) 7時5分（7.5 V，含有率：7.1 %）

☐：第5調波電圧の含有率が3.5 %以上，5.0 %未満の発生時間帯
■：第5調波電圧の含有率が5.0 %以上の発生時間帯

第1図 高調波電圧の測定結果（3月4日〜3月7日）

第1図に示す測定結果から，第5調波含有率が高い時間帯は，平日の18時以降から翌日の8時にかけて，および日曜日に集中していることが判明した．

3 故障の発生原因

今回の事例（発生年：1994年）のように，コンデンサには異常が生じていないにもかかわらず，なぜ直列リアクトルが焼損するのか．その原因は，直列リアクトルとコンデンサでは高調波を含む場合の最大許容電流が異なるためであり，1998年以前のJISでは以下のように規程している．

・JIS C 4801：高圧及び特別高圧進相コンデンサ用直列リアクトル

第5調波電流を含む場合，その含有率が基本波電流に対して35％以下であって，その合成電流の実効値が定格電流の120％以下である場合，差し支えなく使用できること．

・JIS C 4902：高圧及び特別高圧進相コンデンサ

充電電流に高調波を含む場合，その電流の実効値が定格電流の130％を超えない範囲で連続使用しても，実用上差し支えないこと．

当該設備の直列リアクトル容量はコンデンサ容量の6％であり，第5調波電圧の許容量は6％直列リアクトルの第5調波電流の許容量（基本波電流の35％）で決まり，3.5％になる．3.5％以上の電圧ひずみがある場合には，直列リアクトルに流れる電流が許容電流（第5高調波電流の35％）以上になり，直列リアクトルが焼損する．

当該設備では，高調波の測定結果に示すよう，第5調波電圧が3.5％以上含有する時間帯は，平日の18時以降から翌日の8時にかけて，および日曜日の全日に生じており，許容値以上の第5調波電流が直列リアクトルに流れ続けたため，直列リアクトルは焼損に至った．なお，コンデンサは第5調波においては83％の高調波電流に耐えられるため，異常が生じなかった（補足を参照）．

【補足】 電力コンデンサの許容する第5調波電流

基本波電流と第5調波電流の許容合成値は130％であるから，許容される第5調波電流は，以下のようになる．

$$I_{\mathrm{rms}} = \sqrt{I_1{}^2 + I_5{}^2} \leq 1.30 I_1 \tag{1}$$

I_1：基本波電流，I_5：第5調波電流

(1)式より，

$$I_5 \leq 0.83 I_1 \tag{2}$$

ゆえに，(2)式より電力コンデンサは第5調波においては，基本波電流に対して83％の高調波電流まで許容されることになる．

【注意】　この事例に示す直列リアクトルの故障は，1998年以前に生じた障害であり，故障の発生原因は当時のJIS規格に照合して考察した内容である．

現行規格（JIS C 4902-2）では，コンデンサ設備を設置する直列リアクトル（許容電流種別Ⅱ）における第5調波電流含有率の許容範囲は55％としている．また，第5調波電流含有率から求めた許容できる第5調波電圧含有率は5.9％としている．

4　防止対策

防止対策として，以下の対策が必要である．

①　高調波耐量のアップした13％リアクトルへの変更

ただし，コンデンサの端子電圧は約15％上昇するので，これに適合した定格電圧7590Vのコンデンサを使用する．

②　高調波リレーの施設

高調波リレーを施設して，一定値以上の高調波が含まれる場合にコンデンサ設備を電路から自動的に開放する．

③　過熱保護装置等の施設

警報接点付直列リアクトルとして，過熱時に自動的に電路から解放する．

参考出典

(1) 「高調波対策技術マニュアル」関東電気保安協会　1996
(2) JEAC 8011-2014　高圧受電設備規程

CASE.23 直列リアクトルの高調波による障害（その2）

ある高圧自家用電気設備では，直列リアクトル付電力コンデンサ設備（以下「同設備」という）が使用されており，同設備の直列リアクトルからまれに異常音が発生する事象が生じた．異常音の発生原因を調査した結果，原因は共振現象によることが判明した．

以下に，共振現象が発生する要因および防止対策などを記述する．

1 当該設備の概要と異常音の発生状況

当該設備（設備容量：1 150 kV·A）では，3バンクから構成された直列リアクトル付電力コンデンサ設備（以下「コンデンサ設備」という）が使用されており，同設備は自動力率調整によって，群ごとに設置された高圧真空開閉器（以下「VCS」という）の投入・開放操作を行っていた（**第1図参照**）．

まれにコンデンサ設備では，VCSの投入直後に直列リアクトルから異常音（ブザー鳴動と類似の連続音）を発することがあり，発生した異常音はVCSが開放するまで，連続鳴動した．

2 異常音発生に伴う実態調査

⑴ 電圧・電流測定と波形観測

異常音発生の原因究明に資するため，異常音が生じている場合と生じていない場合における電圧，電流の測定および波形観測を実施した．電圧測定と電圧波形の観測は，主遮断器の電源側に設置された，計器用変圧器（以下「VT」という．）の二次側で行い，電流測定と電流波形の観測は，コンデンサ設備へ送り出しているVCSの負荷側に設置された変流器（以

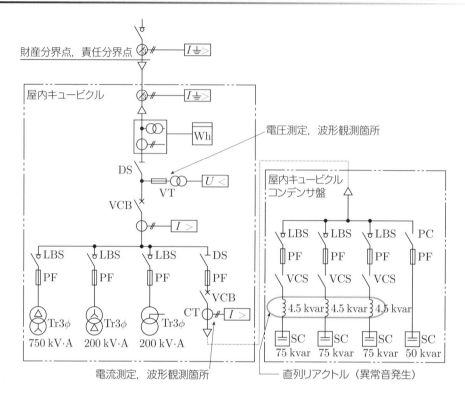

第1図 単線結線図

下「CT」という.）の二次側で実施した（第1図参照）．

① 電圧・電流の波形観測結果

　VCS投入直後より直列リアクトルから異常音が発生した場合における，電圧・電流の観測波形を**第2図**に示す．異常音発生時には，急峻（スパーク状）な電流波形が継続しており，コンデンサ設備へ高調波電流が流入している様相がうかがえた．

　第3図には，VCS投入直後より直列リアクトルから異常音が発生しなかった正常時における，電圧・電流の観測波形を示す．異常音が発生した場合と異なり，観測波形は投入直後から経時とともに定常値へ推移した．

② 電流値の測定結果

直列リアクトルの高調波による障害（その2）

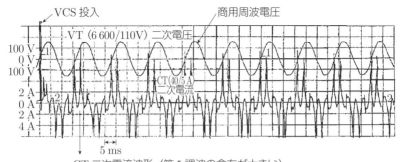

第2図　異常音発生時の観測波形

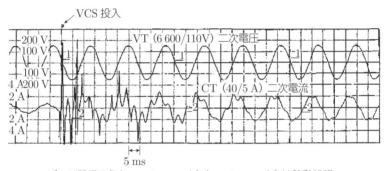

第3図　異常音なし（正常時）の観測波形

　上記のように，直列リアクトルより異常音が発生している場合と発生していない場合の電流波形観測時における，コンデンサ設備へ流入した電流値を**第1表**に示す．

③　高調波電圧の測定結果

　当該設備への供給電圧に含まれる高調波電圧を測定するため，主遮断器の電源側に設置されたVTの二次側にて，高調波電圧の連続測定（1週間）を行った．なお，測定はコンデンサ設備のVCSを開放して，リアクトルおよびコンデンサを除外した状態にて実施した．測定の結果，高調波電圧の最大は2.7％（第5調波分）であった．

第1表　コンデンサ設備への流入電流（高調波成分）

高調波電流	異常音なし（含有率）	異常音あり（含有率）
基本波	11.5 A（100 %）	11.3 A（100 %）
第5次	1.10 A（9.5 %）	13.7 A（122 %）
第7次	0.06 A（0.6 %）	5.91 A（52.3 %）
第11次	0.04 A（0.3 %）	4.90 A（43.3 %）
第13次	0.05 A（0.5 %）	3.41 A（30.1 %）

※ CT二次側の測定値
　 コンデンサ設備のうち，50 kvar × 1台と75 kvar × 1台は稼動状態

3　異常音発生の原因

　直列リアクトルから異常音が生じているとき（第2図参照）と，生じていないとき（第3図参照）の電流波形から，異常音の発生時には大きな高調波電流が流入していることがわかる．

　コンデンサ設備のVCSを投入したときには，突入電流により鉄心入りの直流リアクトルは磁気飽和を起こすため，直列リアクトルのリアクタンス値が過渡的に低下して，コンデンサと直列リアクトル間で第5調波による直列共振の状態に陥る可能性がある．こうした状況においては，配電系統に存在する第5調波電圧によってコンデンサ設備へ第5調波電流を引き込む「引き込み現象」が生じる（**第4図**参照）．

　直列リアクトルからの異常音の発生は，「引き込み現象」によって，過大な第5調波電流が流れ込んだことが原因であると特定した．

4　防止対策

　今回の事例に示す直列リアクトルから生じた異常音は，コンデンサ設備を投入したときに生じる「引き込み現象」によるものであり，系統の高調波成分が多くなった場合には，直列リアクトルが過熱焼損に至るおそれがある．

　「引き込み現象」による障害防止として，次の対策が必要である．

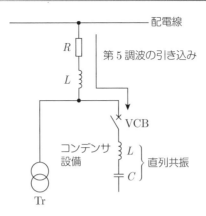

第4図 第5調波電流の引き込み現象

① 直列リアクトル容量の変更

　直列リアクトルのリアクタンスを大きくして，第5高調波で共振しにくい回路構成とするため，直列リアクトル容量を13％へ変更する．ただし，コンデンサの端子電圧が約15％上昇するので，コンデンサの定格電圧も7 590 Vのものを使用する．

② 高調波検出リレーの施設

　コンデンサ設備を投入した直後に流れる高調波電流を検出して，1秒ほどでコンデンサ設備のVCSを開放する高調波検出リレーを設置する．

③ 引き込み現象防止装置の施設

　引き込み現象の防止として，「引き込み現象防止装置」を設置することも有効である．

参考出典
　JEAC 8011-2014　高圧受電設備規程

CASE.24 配線用遮断器の中相接触不良

　高圧自家用電気設備（キュービクル式）内に設置されている単相3線式電灯回路の配線用遮断器（以下「MCCB」という）の接点部分で接触不良を起こし，負荷機器が焼損する事例が発生した．

　原因調査のため，当該遮断器（**第1図**参照）の電源・負荷側の同相端子間における接触抵抗測定，メーカによる当該遮断器の分解調査結果から接点部分の接触不良になった原因，および再発防止対策を記述する．

第1図　接触不良の当該MCCB

1　発生時の状況

　停電（年次）点検終了後，キュービクル内にある電灯回路用MCCBを投入して送電したところ，10分後に工場内の水銀灯が点灯異常（フリッ

カ)を起こした.原因を調査した結果,キュービクル内にある当該 MCCB(3P 50A,1997 年製)の中相(N 相)の接触不良を発見した.

この接触不良により,NC 放電加工機用自動消火装置の電源回路が異常電圧によって損傷した.

なお,工場は田園内にあって,キュービクルは工場 2 階屋上に設置されており,周囲環境は良好であったが,当該 MCCB の筐体表面全体にじんあいが堆積していた.

第 2 図に当該 MCCB の電源側端子部分にある排気穴部を示すが,この排気穴から MCCB 内部へじんあいや種子などの異物が侵入したものと推測される.

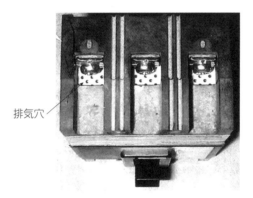

第 2 図　MCCB の排気穴部

2　配線用遮断器の構造

配線用遮断器の構造例を第 3 図に示すが,電流の入・切を行う接点を開閉する「開閉機構部」,電流を遮断する際に発生したアークを消す「消弧装置」,過電流で開閉機構を作動させる「引き外し装置」などで構成され,これらを絶縁物の筐体に収めたものが配線用遮断器である.

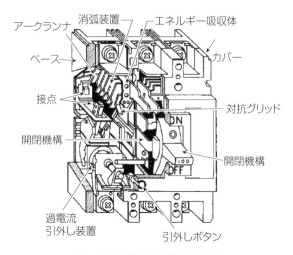

第3図　配線用遮断器の構造[1]

3　接触抵抗値の測定の結果

　直流電位降下法にて，当該MCCBの電源・負荷側の同相端子間の接触抵抗値を測定した結果を**第1表**に示す．接触抵抗測定の20回平均値は，R相2.0 mΩ，T相2.8 mΩ，N相17.7 mΩであり，T相・N相の接触抵抗値は不安定であった．

4　メーカによるMCCB分解調査の結果

(1)　接点近傍の状態

　接点近傍のケース表面にじんあい（砂）が堆積し，ケース内部には**第4図**に示すじんあいや植物の種子など，外から侵入した異物があった．

(2)　接点表面の状態

　接点部の表面は，硫化・酸化腐食と思われる変色があった．

(3)　異物の成分分析

　MCCB内部で発見された異物をX線分析装置による成分分析を実施した結果を**第5図**に示すが，Si（シリコン）が主体のじんあい（絶縁物）が

第1表 電源・負荷側の同相端子間の接触抵抗値
（測定電流：DC 100 mA）

測定回数	R相 抵抗 [mΩ]	T相 抵抗 [mΩ]	N相 抵抗 [mΩ]
1回	1.9	2.5	19.5
2回	2.9	2.6	24.5
3回	2.2	2.8	15.3
4回	2.3	2.8	29.6
5回	2.1	2.9	33.5
6回	1.9	3.3	17.5
7回	2.0	3.2	21.4
8回	1.9	2.8	23.5
9回	2.0	2.8	23.7
10回	2.0	2.8	8.1
11回	1.9	3.0	15.9
12回	2.0	3.2	20.0
13回	2.0	3.3	12.0
14回	1.9	3.3	9.4
15回	1.9	2.6	13.8
16回	1.9	2.5	16.7
17回	1.9	2.6	8.7
18回	1.9	2.5	12.1
19回	1.9	2.4	16.5
20回	2.0	2.2	11.7
20回平均	2.0	2.8	17.7

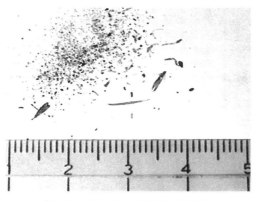

第4図 じんあい，種子などの異物

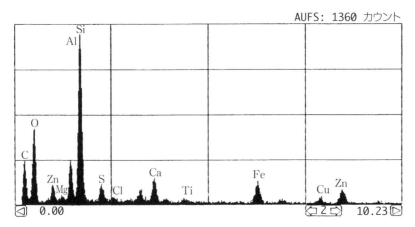

第5図　じんあいの成分分析結果

多く検出された．

(4) 要因のまとめ

(a) 長年にわたり，MCCB内部にじんあいや植物の種子などの異物が蓄積していた．

(b) 接点表面が硫化・酸化腐食して接触抵抗値が不安定であった．

(c) 異常電圧による焼損機器がある．

(d) 各相の接触抵抗値を比べると，R相に対してN相が約10倍，T相も約2倍と高く不安定であった．

5 故障の発生原因

外観および分解調査結果から判明したように，MCCB内部へ植物の種子などの異物やじんあいが侵入していた．当該MCCBの使用年数は16年を経過しており，経年使用によりMCCB内部へ侵入した異物や，じんあいとしてSi（シリコン：絶縁物）を主体とした砂じんがMCCBの開閉操作とともに，接点間に挟まり接触不良を生じ，さらに接点表面の腐食による接触抵抗値の増加も重なり，接触不良に至ったと推断する．

工場内の水銀灯が点灯異常（フリッカ）を起こしたほか，一部の機器が

損傷した原因は，単相3線式回路の中相（N相）が接触不良を生じたことによって，負荷機器に異常電圧（100 Vを超える電圧）が印加したためである．

当該キュービクルは，田園内にある工場の2階屋上（屋外）に設置されており，MCCB内部へ侵入した植物の種は，田園から飛散したものと思われた．

6 再発防止対策

長期にわたって使用されているMCCBについては，設置環境によっては内部へじんあい・種子などの異物の侵入が十分考えられるので，接点間の異物を除去するため，数回MCCBを「入・切」操作してから送電する．

10年以上使用している低圧遮断器については，信頼性の確保と安全の保障を得るために早期の更新を計画する．

日本電機工業会（JEMA）資料によると，低圧遮断器などの物理的安定使用期間（従来は「更新推奨時期」といわれていた）は，規定回数が少なくても15年を目安に更新することが望ましい．

参考出典
(1) 日本電気技術者協会：音声付き電気技術解説講座「配線用遮断器」http://www. jeea.or.jp/course/contents/08104/
(2) 日本電機工業会：「汎用電気機器の更新のおすすめ」

CASE.25 配線用遮断器の定格電流以下の電流による遮断

　高圧自家用電気設備（キュービクル式）内に設置されている三相3線式動力回路の（以下「MCCB」という）が，定格電流以下の負荷電流で自動遮断（以下「トリップ」という）する事象が発生した．

　調査の結果，当該MCCB端子部の過熱（接触不良によるもの）が自動遮断の原因であると推定できることから，接触不良に起因する過熱プロセス，および再発防止対策を中心に記述する．

1　発生時の状況

　キュービクル内の冷凍機用MCCB（3P 100 A，1975年製）が，定格電流の30％程度の負荷電流でトリップしたことにより，冷凍機内の商品に損失を生じる被害が発生した．当該MCCB（**第1図，第2図参照**）の

第1図　当該MCCB（正面）

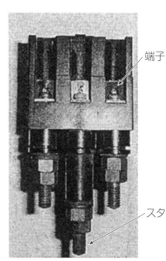

第2図　当該MCCB電源側端子部（上部）

第1表 当該MCCBの仕様

名称	定格	製造年	過電流引外し
裏面形配線用遮断器	3P 100 A	1975年	熱動（バイメタル）

通常負荷電流は約30Aであり，これまでにトリップした履歴はなかった．当該MCCBの仕様は**第1表**に示す．

2 原因の調査

端子の過熱によるトリップであると推定されることから，試験項目は日本工業規格（JIS）に示される接触抵抗試験，通電電流試験，温度上昇試験に基づいて行った．

(1) 接触抵抗試験

試験は**第3図**に示す3箇所（測定①～③）の抵抗値測定を直流電位降下法により行い，**第2表**にその結果を示す．

二次側S相のスタッド～表面端子端は232mΩという大きな数値を示した．

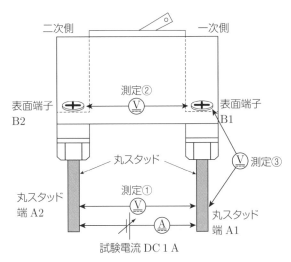

第3図 接触抵抗測定箇所

第2表 接触抵抗試験データ

単位 [mΩ]

場所		平均	判定
測定① スタッド端 A1-A2 間	R 相	2.28	良
	S 相	233.29	否
	T 相	108.48	否
測定② 表面端子 B1-B2 間	R 相	1.51	良
	S 相	1.6	良
	T 相	184.35	否
測定③ S 相スタッド端 ～ 表面端子	一次側	0.215	良
	二次側	232.080	否

また，T 相接点は測定値のばらつきから，接触不良状態と推測できた．

(2) **通電電流試験**

各相に 30，50，100 A の電流をそれぞれ通電し，トリップするまでの時間を測定した．**第3表**にその結果を示す．

第3表 通電電流試験データ

試験電流（定格電流）	通電時間
30 A（30 %）	31 m 56 s
50 A（50 %）	9 m 00 s
100 A（100 %）	1 m 14 s

いずれも定格電流以下にも関わらず，**第4図**に示すように S 相バイメタルが可動し，トリップした．

(3) **温度上昇試験**

測定は**第5図**に示す 3 箇所を赤外線熱画像装置および放射温度計で 5 分間隔ごとに測定した．

第6図に各相ごとの二次側表面端子の温度変化をグラフ化して示すが，二次側 S 相表面端子の測定値が 200 ℃ ～ 220 ℃ と高温過熱していることがわかる．

第4図　S相のバイメタル

第5図　MCCBの温度測定箇所

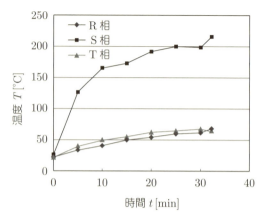

第6図　MCCB 端子の表面温度変化

3　分解調査

スタッド部の構造と S 相スタッド部の状態

　第7図に示すように，裏面形 MCCB に設置されたスタッドは，導体・スタッド固定ねじ（以下「ねじ」という）にて締め付け固定される．ゆえ

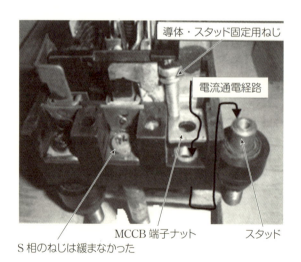

第7図　スタッド部の構造

に，スタッドと MCCB の表面端子ナットは，ねじの締め付けによって，接続（接触）する構造になっている．MCCB 電源側からの負荷電流は，MCCB の表面端子ナットからスタッドに接続された配線を通じて負荷機器へ流れる．温度試験にて，異常過熱が確認された MCCB 負荷側 S 相の表面端子付近は変色しており，ねじを緩めることができず，MCCB の表面端子からスタッドは外せなかった．

4 故障原因

温度上昇試験より MCCB 負荷側 S 相の表面端子付近が異常過熱しており，かつ S 相の表面 MCCB 端子ナットとスタッド端子（配線接続端子）間の抵抗値は他の相と比べて過大であることから，MCCB の表面端子ナットとスタッドの接続（接触）は，接触不良の状態にあることが伺えた．MCCB が定格電流以下の通電状態にてトリップした原因は，経年使用（使用年数：27 年）により，MCCB 負荷側 S 相の表面端子ナットとスタッド間に隙間が生じて接触不良の状態になり，負荷電流は抵抗率の高い導体・スタッド固定用ねじを流れたため，ねじは高温に熱せられた．そして，その熱がバイメタルに伝導して，MCCB のトリップに至ったと推断した（第 8 図，第 9 図参照）．

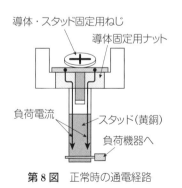

第 8 図　正常時の通電経路

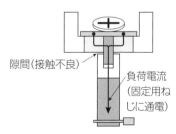

第 9 図　接触不良時の通電
（固定用ねじに通電）

5　再発防止対策

施工時には，MCCB端子ナットとスタッド接触面にて接触不良を生じないように，拭き取ることが大切である（第10図参照）．

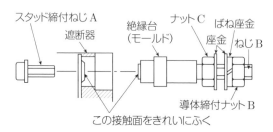

第10図　スタッド部の構造

　一般的にスタッドは，接続した導体（電線）によって加重されやすい構造にあり，経年使用によって緩むおそれがある．ゆえに，スタッドの定期的な締め付けや表面温度測定を行って，緩みあるいは接触不良の発見に努めることが，故障の未然防止のため必要である．また，日本電機工業会によれば，MCCBの物理的安定使用期間として，15年を推奨しており，MCCBの使用状況や環境等も考慮して，適切な時期に更新を行う必要がある．

参考出典
(1)　三菱電機：「三菱ノーヒューズ遮断器・漏電遮断器 取扱いと保守」
(2)　日本電機工業会：「汎用電気機器の更新のおすすめ」

CASE.26 動力分電盤内の短絡による停電発生

　ある工場にて，従業員が工作機械を稼動させるため，動力分電盤内にある配線用遮断器（以下「MCCB」という）を投入して分電盤を閉じた後に，動力分電盤内にて短絡が発生して大音響とともに停電となり，工作機械が稼動できない状態になった．

　調査の結果，短絡の発生原因は，分電盤内に侵入した金属片や粉じん（導電性）の堆積によることが，判明した．以下に，短絡の生じた経緯や防止策などを記述する．

1 短絡故障発生時の状況

　この工場では，動力分電盤内より工作機械へ送電しているMCCB（3P，125 A）を始業時に投入し，終業時には開放操作を毎日行っていた．ある朝，従業員がいつもどおりに動力分電盤内のMCCB（3P，125 A）を投入したところ，短絡故障が発生して動力分電盤内の主幹MCCB（3P，400 A），およびキュービクル内より当該分電盤へ送電しているMCCB（3P，400 A）がシリーストリップした．

　第1図に，短絡故障が生じた動力分電盤内のMCCBを示す．

2 短絡故障を生じた動力分電盤内の調査結果

(1) 短絡の発生箇所

　短絡の発生箇所は，短絡発生の前に投入したMCCB（3P，125 A）電源側端子に至る銅バーのS相，T相間であった（**第2図**参照）．

(2) 分電盤内の様相

　分電盤内には，金属片が侵入しており，かつ金属粉じんが薄く堆積して

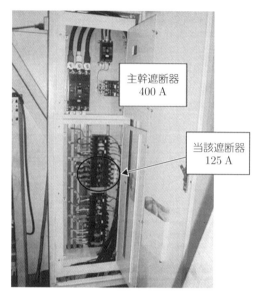

第1図 短絡故障が生じた動力分電盤内

第2図 動力分電盤内の短絡発生箇所

いた．金属片や粉じんの成分を分析した結果，成分は鉄系の導電性金属であった．**第3図**に成分分析を行った金属片と粉じんを示す．当該分電盤の扉裏面（MCCB：3P，125 A 付近）には，短絡によるアーク痕跡が生じていた（**第4図**参照）．

金属粉じんには成分分析の結果，鉄や銅が多く含まれていた．

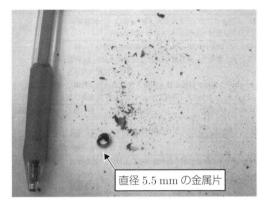

第3図 動力分電盤内に侵入した金属片と粉じん
(成分分析の結果,鉄や銅が多く含まれていた)

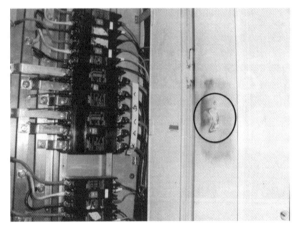

第4図 動力分電盤の裏面に生じたアーク痕跡

(3) MCCB (3P, 125A) の単体調査

　MCCB (3P, 125 A) の単体調査を行った結果,内部機構や絶縁性能に異常はなく,過大電流を遮断した痕跡なども生じていなかった.また,MCCB表面には,トラッキング(炭化導電路)痕跡などは生じていなかった.

3 短絡故障の発生原因

当該分電盤の数メートル離れた場所には研磨機があり，工場内の一帯には金属粉じんが存在している使用環境であった．当該分電盤内にも金属片や金属粉じんが入り込んでおり，薄く堆積した状況にて使用されていた．

短絡故障の発生原因は，分電盤内に侵入した金属片や金属粉じんによるものであり，分電盤内に入り込んだ金属片（粉じん）がMCCB（3P，125 A）を投入した後，分電盤の扉を閉じた振動によって，MCCB（3P，125 A）電源側端子の銅バー間に落下した．銅バー間の離隔は，15 mm程度であったことから，落下した金属片（粉じん）によって銅バーのS相，T相間にて短絡が生じたと推察した．

4 短絡故障の防止対策

事例のような金属片や導電性粉じんの存在する使用環境下では，次のような対策により短絡故障などの防止に努めることが，大切である．

- ・定期的に分電盤内の清掃を行って，金属片や粉じんの除去に努める．
- ・金属片（粉じん）の侵入経路となる電線挿入口などには防じんパッキンを施して，粉じんの侵入防止に努める．

【参考】 じんあい侵入によるMCCBの内部故障

今回の事例のように粉じんによるトラブルのほか，MCCBがじんあいの影響を受けて停電故障に至った事例がある．この内容を次に記述する．

ある顧客より照明が点灯しない旨の連絡が入ったため，現場出向したところ，停電原因はMCCBの故障によることが判明した．故障したMCCB上ぶたの電源側には，かなりのじんあいが溜まっていた．内部を調査したところ，じんあいが侵入しており，かつ可動接触子付近が焼損していた．

故障の発生は，侵入したじんあいによって引外し機構部の機能が失われて，定格電流以上の電流が通電してもMCCBは遮断できない状態にあっ

たことから，仕様能力を超える電流が通電しても流れ続けたため，焼損に至ったことによると推断した．

電気設備に堆積する粉じんやじんあいは，トラブル発生の要因になることから，メンテナンスとして除去・清掃に努めることは大切なことである．

第2編　低圧電気設備

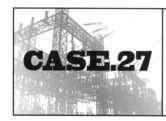

CASE.27 太陽光発電の思いもよらない出力低下

　太陽光発電システムは，地球の温暖化の防止策・CO_2の削減対策として環境にやさしく再生可能なエネルギーとして注目され，2008年以降は低炭素社会への転換をめざす国の政策から普及の一途をたどり，2012年末における住宅用太陽光発電システム導入量（1997年以降の累計）は約120万件，5 GW弱に至っている．

　太陽光発電システムには，**第1図**に示すようにパワーコンデショナ（以下「PCS」という）が設置されており，発電した直流電圧を交流電圧へ変換して，負荷設備へ電力を供給する役割を担っている．

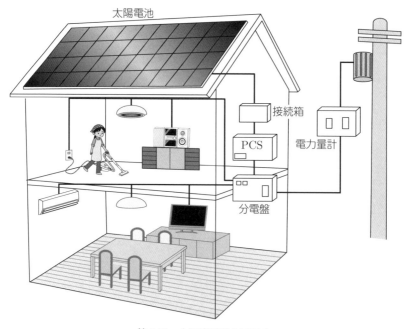

第1図　太陽光発電システム

太陽光発電にて発電された電力は，PCS で交流へ変換されたのち，自住宅（構内）にて消費されるほか，売電システムを導入すれば系統連携によって，余剰電力は系統側へ供給（逆潮流）することができ，顧客の利益になる．しかし，PCS には事故防止を目的とした系統連系保護機能が装備されており，保護機能の一つである電圧上昇抑制機能が作動した場合には発電出力を抑制して売電量が減少することになる．本稿では，保護機能の一つである電圧上昇抑制機能の作動により発電出力が低下した事例を示すとともに，出力低下の解消に向けた施策などを記述する．

1 PCS の電圧上昇抑制機能と出力抑制

太陽光発電システムの PCS に備えられた「電圧上昇抑制機能」は，PCS からの出力電流による系統電圧上昇の抑制を目的としている．

PCS は出力電圧を常に監視しており，あらかじめ設定された整定値を超えた場合は PCS の出力端電圧が設定電圧以下になるまで「電圧上昇抑制機能」によって，太陽光発電システムから系統へ供給される出力が抑制される．「電圧上昇抑制機能」が適切に作動することは，発電事業者にとっては売電量が想定より減ってしまうため，太陽光発電システムに生じた「トラブル」の一つに捉えた事象といえる．

2 電圧上昇抑制機能の作動による発電出力低下の事例

ある顧客の太陽光発電では**第2図**に示すように，住宅用の PCS 4 台（定格出力 5.5 kW × 3 台，2.7 kW × 1 台）を並列運転していた．

ある晴天時に 4 台の PCS がすべて稼動していたが，発電出力が想定していた値よりも低下していたため，PCS の状態を確認したところ，3 台の PCS にて出力抑制の表示ランプが点灯しており，電圧上昇抑制機能が作動していることを示していた．

電圧上昇抑制機能の作動に伴い，以下の事項を確認した．

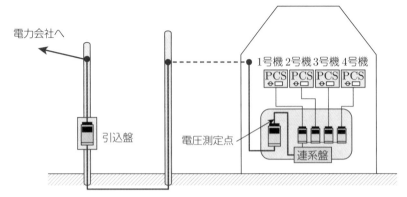

第2図 PCS設置と系統電圧の測定点

(1) **PCSの電圧上昇抑制設定値**

4台のPCSともに電圧上昇抑制設定値は，111 Vに設定されていた．

(2) **系統電圧の測定**

第2図に示す設備にて，各測定要件における系統電圧の測定を連系分電盤内の主開閉器端子間にて実施した．測定結果を**第1表**に示す．

測定結果（第1表参照）より，PCS（4台）の電圧上昇抑制値を「無効」にしたときの系統電圧は111 Vを超過しており，電圧上昇抑制機能（設定値：111 V）が稼動すると系統電圧を設定値内に保つように，PCSにて出力抑制する．

事例に示す太陽光発電所にて使用されているPCSは住宅用であり，複数のPCS間にて並列して同期運転する機能は備わっていない．ゆえに，それぞれのPCSが単機ごとに系統と連系するため，それぞれのPCSご

第1表 系統電圧の測定結果

測定要件	系統電圧 （AC）
PCS（4台）が出力制御運転しているとき	110.0 V
PCS（4台）系統連系を停止したとき	102.5 V
PCS（4台）の電圧上昇抑制値を「無効」にしたとき	111.9 V

とに連系する系統電圧を上昇させることになる．結果として，系統電圧が上昇し，最終的には電圧上昇抑制設定値よりも高くなって，PCSにて出力抑制が働き太陽発電所の出力低下に至った．

事例のように，太陽光発電システムは，施設の形態や立地している地域，設定値によって，思いもよらない出力の低下につながることがある．

注　一般的に出力が10 kW以上である産業用のPCSでは，複数のPCS間にて並列して同期運転する機能は備わっている．

3　電圧上昇抑制の設定値とPCSの選定

第1表に示すように，PCSを4台とも運転した場合は，電圧上昇抑制機能（設定値：111 V）が働いて出力抑制する．

系統連系するPCSの運転台数を1台ずつ，逐次に増した場合における，系統電圧（電流）を測定した結果は，**第2表**のようになった．

測定結果（第2表参照）より，PCSの運転台数を1台ずつ逐次に増していき，運転台数を3台に制限すれば，PCSの電圧上昇抑制設定値（111 V）を超過することはなく，運転継続できることがわかる．

第2表　系統連系するPCSの運転台数と系統電圧および電流の測定結果

PCSの運転状況				測定値	
1号機	2号機	3号機	4号機	系統電圧（AC）	電流（AC）
停止	停止	停止	停止	102.5 V	
停止	停止	停止	運転	103.2 V	9.0 A
停止	停止	運転	運転	105.8 V	32.4 A
停止	運転	運転	運転	109.3 V	53.0 A
運転	運転	運転	運転	111.9 V	72.3 A

4　発電出力低下（電圧上昇抑制機能の作動による）の解消

PCSの電圧上昇抑制機能の作動に伴う，出力抑制による出力低下を解消するためには，PCSの電圧上昇抑制値を上げる．または，系統側の電

圧を下げることでPCSによる出力抑制が過度に働かないようにすることができる．いずれの手法とも，実現するためには電力会社やPCSメーカなどと綿密な相談が必要であり，電力会社との協議やPCSメーカとの対応が重要になる．

【参考】 PCS の換気と温度上昇

PCSでは，直流電圧を交流電圧へ変換する際に熱が発生する．この熱によって装置の停止（「温度上昇異常」の検出）や寿命・性能の低下，および故障などのトラブルが発生する．

これを防ぐために換気ファンが取り付けられているが，長期間放置しておくと，ほこりなどによりフィルタの目詰りが生じて換気の悪化を来たし，PCSが「温度上昇異常」を検出して，突然の売電停止になるおそれが生じる．フィルタの目詰りによる温度上昇防止として，定期的な清掃が必要である．また，交換フィルタを常備しておくことにより，もしものときにはフィルタ交換が図れて，売電停止時間を最小限に留めることができる．

参考出典
(1) 中部電気保安協会「思いもよらない出力低下と，パワコンの電圧上昇抑制機能」日経テクノロジー，メガソーラー・トラブルシューティング，日経BP社
http://techon.nikkeibp.co.jp/article/FEATURE/20140630/361841/
(2) 「太陽光発電システム等の普及動向に関する調査」経済産業省 資源エネルギー庁 省エネルギー・新エネルギー部 新エネルギー対策課，平成25年2月
(3) 「太陽光発電のしくみ」太陽光発電協会
http://www.jpea.gr.jp/knowledge/mechanism/index.html

CASE.28 たびたび発生する漏電の発生原因を究明その1（漏電記録計による原因究明）

電気使用場所のうち，一番多く生じている故障が漏電であり，漏電の発生はさまざまな要因から引き起っている．ある使用状況に限り漏電発生するが，ほかの使用時には漏電が消滅している場合もあり，漏電の原因究明に困難を極めることがある．

漏電は感電や火災発生の原因になることから，放置せず早急に原因究明を図るとともに再発防止策を講じることが大切である．たびたび発生する漏電原因を究明する手法として漏電記録計の設置により，得られた情報源から原因究明の資とすることがある．以下に漏電記録計の設置により原因究明した事例を記述する．

事例1　漏電記録計の表示を足掛かりに，粘り強く漏電原因を探る

(1) 現場出向時の状況

ある顧客から「漏電警報器のブザーが鳴動するので調査してほしい」との依頼があり，さっそく現場に出向して原因調査を開始した．顧客の設備は新設して間もない多くの情報関連企業が入居している7階建てのビルであった．受電キュービクルにて漏電警報器の状態を確認したところ，電灯回路にて漏電表示を示していたが，漏えい電流を測定しても漏えい電流の検出はなく，漏電は生じていない状態であった．

(2) 原因究明のため漏電記録計を設置

今までの経緯を確認すると，最近，警報がときどき鳴り出し，昼間が多いとのことであった．そこで，**第1図**に示すような漏電記録計をキュービクル内に設置し，各階送りの配線に検出器をセットするとともに，様子を

第1図　漏電記録計
　　　（集合形地絡検出器）

第2図　フロアコンセント

みることにして，もし警報器が鳴動したら連絡をもらうようにした．

　2日後，顧客から「警報器が鳴動した」との連絡があり，設置した漏電記録計を確認したところ，漏電の発生は4階送りの配線であることがわかった．4階の電灯分電盤にてどの回路で漏電しているかを見分けるために，再度漏電記録計を設置して様子をみることにした．4階の分電盤は回路数が多く1台で記録できる回路は5回路までであったので，さらに1台設置し，10回路を記録することにした．

(3)　**漏電記録計の表示から漏電回路を特定**

　その後，ほぼ毎日，記録計を確認して漏電表示がなければ次の回路へ移動させて，ようやく見つけたのが，ある一室のフロアコンセント（第2図参照）の回路であった．さっそく部屋の中に入りコンセント付近を調査してまわったが，OAフロアで漏電する機器は見当たらなかった．

(4)　**粘り強い調査により漏電原因を究明**

　応援を要請し，2名で徹底的に調査を開始した．分電盤で1名が漏電記録計から目を離さず，漏電が出たら声を掛け，もう1人が部屋中を歩きまわり異常な箇所がないかを探っていた．しばらくして漏電警報器を監視していた同僚から「今，警報が鳴動したがすぐ停止した」と連絡が入った．私はふと床を見たときにフロアコンセントがあったので，「もしや」と思いフロアコンセントに足を乗せたところ，再度同僚から「警報が鳴動し

た」との声．これだ，さっそく顧客に停電の許可をもらい，配線用遮断器を開放してコンセントを分解すると，電線が損傷しており接地線と接触していたため，損傷している電線を切り詰めて修理を完了した．

フロア内を歩く際に，フロアコンセントを踏んだときだけ漏電が発生していたのであった．顧客の協力もあり，何とか漏電原因を突き止めることができた．顧客と私は，笑いながらホッと胸を撫で下ろした次第であった．

事例2　間欠漏電の原因は延長コード

(1)　現場出向時の状況

ある日の夕方，顧客から絶縁監視装置と漏電警報器が鳴動していると連絡が入り，原因究明のため出向した．

この顧客は福祉センターで，キュービクルは2階の屋上に設置されており，過去の漏電履歴はなかった．現場に到着すると漏電警報は停止していた．天候は晴れており，普段どおりの電気の使用状況であった．各設備の状態を確認したが，異常は認められなかった．顧客へ結果を報告し，再度，漏電警報器が鳴動したら連絡をもらうことにして帰所することにした．

(2)　漏電記録計の設置により漏電発生の分電盤を特定

翌朝，顧客から「また漏電警報器が鳴動した」との連絡が入り，現場出向したが，すでに漏電は回復しており，原因を特定することはできなかった．「一度，停電して絶縁抵抗測定を実施させてほしい」旨を依頼したところ，夕方なら停電可能ということだったので，夕方に出向き絶縁抵抗測定を実施した．しかし，絶縁低下している回路は特定できなかった．たび重なる漏電警報器の鳴動状況から，漏電記録計を設置して様子をみることにした．数日後，「また漏電警報器が鳴動した」との連絡が入り，現場出向後に漏電記録計の記録を確認すると，1階電灯分電盤で漏電が発生していることがわかった．

(3)　顧客からの情報により漏電箇所を究明

当該の1階電灯分電盤に漏電記録計を設置しようとしたところ，回路数

が多く対応が困難であったため，漏電発生する可能性が高そうな屋外や厨房の回路に漏電記録計を設置して，様子をみることにした．数日後，「漏電警報器が鳴動した」という連絡が入り現場出向したが，漏電記録計は漏電検出していなかった．

　顧客へ漏電警報器が鳴動したときの状況を詳細に確認すると，朝の出勤時間と夕方の退社時間に鳴動することがわかった．館内を再点検した結果，壁コンセントから倉庫へ延長コードが配線されているのを発見し，倉庫内を確認するとタイムレコーダが接続されていた．

　『朝と夕方』『出勤と退社』と思い，ピンとひらめいたことから延長コードを点検した結果，**第3図**のように，かすかに被覆が損傷している状況を発見した．ドアを開閉するたびにドアが配線に接触し，漏電するという結果であった．顧客へは「倉庫内で使用しているタイムレコーダ用の延長コードの損傷が漏電発生の原因であった」と伝えた．

第3図　損傷した延長コード

(4) 漏電故障の防止策

　タイムレコーダの配線はドアの開閉場所に施されており，ドアの開閉によって配線が損傷したことから，配線がドアの開閉場所を通らないように，倉庫内にコンセントを増設するか，タイムレコーダの位置を変更するように依頼して，その日はテーピングによる応急処置を施した．その後，漏電警報器は一度も鳴動しなかった．

参考出典
　中部電気保安協会「電気と保安」

CASE.29 たびたび発生する漏電の発生原因を究明その2（問診や根気よい調査による究明）

　漏電の発生は，電路の充電部が何らかの原因によって接地に触れることにあり，一時的に漏電発生するものの原因調査のため現場に出向したときには，すでに漏電は消滅していることがある．このような漏電発生の要因として，機械配線の被覆が損傷しており，可動する機械のタイミングにより，露出した配線の充電部が機械本体へ接触する場合がある．本稿では，問診や根気よい調査により，可動する機械から生じた漏電の発生原因を究明した事例を記述する．

事例1　古い床置きの空調室内機からときどき漏電

(1) 漏電遮断器の動作状況

　ある日，出勤早々のことであった．ある顧客（老舗ホテル）から「ときどき電灯の漏電遮断器が動作して停電になるが，動作原因は不明であり困っているので調査してほしい．」との電話をもらい，さっそく現場出向した．

　顧客のところに到着して，漏電の発生状況を確認すると「約1週間前から夜，2階の電灯用漏電遮断器がときどき動作するので，電気工事店にて調査したが絶縁抵抗値に異常はなく，動作した漏電遮断器も投入でき，電気を使用することができた．また，漏電していると思われる部屋のスイッチを開放したままにしたところ，ピタリと漏電遮断器の動作は止まっている．」とのことであった．

　電気工事店が改装に伴う電気工事を終え，漏電原因を突き止めるために漏電していると思われる「部屋」に昨日から泊り込んでいたところ，朝方3時頃に漏電遮断器が動作して停電になった．この部屋の屋根裏配線や照

明器具の点検，コンセント回路の点検，電気器具（冷蔵庫，電気ポット・トイレのウォシュレット等）の点検をすべて実施したが異常はなかったとのことであった．

(2) **漏電発生の調査と原因究明**

電気工事店に案内してもらい部屋の中を点検したが，外観に変わった様子もなかった．ときどき漏電遮断器が動作することから，漏電は間欠的に生じていることが考えられた．作動するものや回転するもの，振動するものなどに電線が接触している可能性があると思われ，引き続き調査したところ，空調設備の室内機（床置きタイプ）が目に止まった（**第1図参照**）．

空調設備のカバーを外して内部調査をした結果，送風ファンの近くに100 Vの配線があり，ファンの回転部分に電線が接触していた（**第2図参照**）．電線の被覆をよく見ると，ファンの回転との摩擦ですり減っており，心線（銅線）が露出していた（**第3図参照**）．

電線被覆の損傷によりこの箇所から回転軸に漏電して，漏電遮断器の動作に至ったことがわかった．

第1図　空調設備の室内機（床置きタイプ）

第2図　カバーを外した内部（ファンの回転部分に電線が接触）

第3図　被覆が損傷して露出した心線（銅線）

(3) 漏電発生の再発防止

原因が判明したので，補修のため，まず損傷した電線を取り替えて，この配線を送風ファンの軸から離して固定した．さらに各部屋には，同型式の室内機が使用されていたので，全数の点検をお願いした．

後日，顧客から他の空調室内機からも電線被覆の損傷が数件見つかり改修した．「これで安心して電気を使えるようになった．」と喜んでもらえた．

事例2　たびたび動作する漏電遮断器

(1) 漏電遮断器の動作状況

ある顧客（織布工場）から「漏電遮断器がたびたび動作して停電になり困っているので，調べてほしい」という依頼があり，原因究明のため出向した．

現場到着したときは，漏電遮断器は投入されており，工場は正常に稼動していた．顧客の話では，動作する漏電遮断器は動力回路の主回路に使用されており，この日だけでも3回動作しているとのことであった．

さっそく，顧客の立ち合いのもと，クランプ電流計で漏えい電流を測定したが数mAであり，漏電遮断器が動作するほどの漏えい電流は検出されなかった．しばらく様子をみていると，漏電遮断器が動作した．動作直後なので，絶縁不良回路があれば，判明するだろうと絶縁抵抗測定を実施したが，絶縁抵抗値は正常であった．「これは，漏電遮断器が故障しているかも…」そう思いながら投入してみると，5分ほど経過した後，再び動作した．

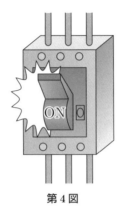

第4図

(2) 漏電の発生状態と原因究明

「どうやら漏電遮断器が故障しているようだから，取り替えた方がよい」と顧客に説明しようとしたとき，また漏電遮断器が動作した．そのとき，気になることがあった．それは，漏電探査用にセットしてあったクランプメータが漏電遮断器の動作する直前，わずかに漏電を検知したように見えたことである．「ひょっとしたら瞬間的な漏電が生じていたかもしれない」と思い，もう一度調査することにした．しかし，絶縁不良箇所の特定は容易ではない．

「クランプメータが漏電を検知したように見えたことは，気のせいだったかもしれない」なかばあきらめ気味になり，再び顧客に説明しようと振り返ったとき，少し離れたところで糸巻き機械が運転中であり，その機械装置に付属する電線の一部分が擦れて損傷しているのが見えた．

わずか数mm程度であったが，充電部が露出していた．この状態では漏電発生の原因になるとは考えられなかったが，その機械にはチェーンが取り付けてあり，ある工程になるとチェーンが少し揺れながら，損傷している電線の近くまで下がってきた．何十回のうち1回くらいはチェーンが電線に触れそうになるのであった．

「これが原因かもしれない」とりあえず損傷した部分に手直しを施して，15分ほど様子をみたが，漏電遮断器は動作しなかった．

⑶　点検時の留意事項（再発防止として）

　その後，顧客からは漏電遮断器が動作したという連絡もなく，やはりあの電線の損傷とチェーンが原因だったようだ．容易に漏電遮断器の取り替えをお願いしなくてよかったと思うとともに，日常点検に稼動する機械の工程上における電線損傷の可能性について，点検が必要であると痛感した次第であった．

参考出典
　中部電気保安協会「電気と保安」

CASE.30 作業中に損傷させた電線から漏電

電気使用場所にて生じる漏電発生として，作業中に誤って配線損傷させたことを原因とすることがあり，作業者は配線損傷に気付かず作業を継続することもある．

作業中の工具による配線損傷は，大きな漏電発生になり重大事故に結び付くおそれがある．漏電の常時監視として設置した「絶縁監視装置」からの漏電発生を知らせる通報により，現場出向するとともに漏電原因を早期発見して事故防止に資した事例があり，この内容を以下に記述する．

事例1 夜になって突然の漏電

(1) 漏電発生と現場調査の状況

宿直時間帯の周囲も暗くなりはじめた頃に，突然「絶縁監視装置」から大電流漏電の発生を示す「重地絡警報」の発報信号が伝送されてきた．顧客に「絶縁監視装置」が漏電検出したことを伝えるとともに，現場が広範囲な公園であることから，2名で出向して原因調査することにした．現地に到着し，漏電探査したところ，管理事務所の外灯回路にて1.1 Aの漏えい電流が生じていることが判明した．公園内の外灯を点検したところ，2灯のうち1灯のみ消えている水銀灯を発見した．

周囲を見わたすと，安定器ボックスから水銀灯までの配線が焦げて断線（**第1図**参照）しており，芝生に触れているところから煙が出ていた．直ちに電源を開放して，漏電原因になっている配線の焼損箇所を切り離し，絶縁処置を施した．

(2) 漏電の発生原因

顧客に配線が断線していた状態を説明して，心当たりがないか確認した

第1図 配線の断線箇所

ところ，日中に芝生の草刈を実施したことから，草刈機の刃で誤って配線を傷つけたことが判明した．日中に故障の原因となる配線を損傷させたことに気付かないまま夜になり，ライトアップのためにタイマにて電源が自動投入されたことにより，漏電が発生するという状況にあった．

(3) 漏電の早期発見による事故防止

顧客の設備には弊協会の「絶縁監視装置」が設置されており漏電が生じた場合，自動的に協会へ警報信号が伝送されるシステムになっていた．ゆえに，漏電の発生を知るとともに，現場出向により早期に故障箇所を発見することができ，大事には至らなかった．顧客からも「一歩間違えたら漏電火災になり，大惨事に繋がってしまうおそれもあった．協会の迅速な対応，復旧までの処置についても非常に助かった」と感謝をいただいた．

事故を未然に防止することは「電気保安の基本」であり，今回の漏電原因究明により，改めて365日・24時間，漏電を常時監視する「絶縁監視装置」の重要性を認識した．

事例2　不思議な漏電（電灯，動力回路から同時に漏電発生）

(1) 漏電発生時の状況

ある日の朝9時頃，顧客（衣類のプレス作業工場）に設置してある「絶縁監視装置」から，「重地絡警報」の検出を示す発報信号が伝送されてき

た．

顧客の電気使用状況を確認するため，電話連絡しようとしていたところに顧客から「動力回路の一部が使えない」という連絡を受けた．

(2) **現場調査の状況**

現場に到着してさっそく，屋外キュービクルから使用場所へ送り出している低圧遮断器の動作状況を確認したところ，動力幹線4回路のうち漏電遮断器（定格電流：150 A 漏電検出の整定電流：100 mA）が動作しており，その回路の絶縁抵抗は0 MΩであった．

上記の動力幹線を調査していたとき，「絶縁監視装置」が電灯回路にて漏えい電流の検出を示す警報を発報したことから，電灯変圧器のB種接地線にて漏えい電流を測定した（**第2図**参照）ところ，2.5 A が流れていた（電灯回路の幹線に漏電遮断器は設置されていない）．「動力・電灯回路が同時に漏電するとは，不思議な現象だな」と思いながら，漏電原因の探査を続けた．

漏電遮断器の動作に伴い，停電している工場内の各分電盤内にて絶縁抵抗測定したが異常はなかった．また，電灯回路についても漏電調査を実施したが，漏電箇所の特定には至らなかった．

屋外キュービクルから，工場へ送り出している幹線漏電の可能性がある

第2図 B種接地線による漏えい電流測定

と考えたことから，工場内外を巡視していたところ工場の庇(ひさし)を工事している作業風景が目に飛び込んできた．

(3) 漏電発生の原因

庇の工事について，責任者に尋ねると「今朝から工事に入った」と言われたため「ピンッ」とひらめいた．すぐに工事箇所を確認すると，庇を鉄骨に固定する際に使用したドリルビスが，動力・電灯配線に貫通している箇所を数箇所発見した（**第3図**参照）．

第3図　ドリルビスの貫通により損傷した幹線

発見と同時に工事業者が感電など怪我のないことも確認でき，ほっと胸をなでおろした．電灯回路を停電させたのち，動力・電灯配線に貫通していたドリルビスを抜き取り，損傷した幹線を絶縁テープにより応急措置を施したことによって，漏電は解消され，電気を送電することができた．

(4) 漏電発生の再発防止

顧客に配線の張り替えを依頼するとともに，工場を改築工事する際には電気配線を損傷するおそれも生じることから，保安協会に連絡をしていただくようお願いした．

参考出典
　中部電気保安協会「電気と保安」

CASE.31 配線の劣化・損傷から生じた漏電その1（配線類の劣化）

　電気使用場所にて使用されている配線や接続箇所は，風雨の影響や経年使用により劣化・損傷を来すことがあり，漏電発生の原因になることがある．

　漏電原因の究明には，漏電発生時の状況や長年の経験に基づき調査を行うが，思わぬところが漏電発生の原因になっていることがある．

　ここでは，現場調査時の状況に応じて，徐々に原因究明の調査を進めていき，原因の特定に資した事例を記述する．

事例1　スイッチを開放しても点灯している蛍光灯

(1)　停電の発生状況

　平日の夕方のことであった．顧客から「寮の電灯がときどき停電するので，原因を調べてほしい」との申し出を受けて，現場出向した．

　顧客の話によると「2階の電灯回路が5日ほど前から，夕方からよく停電する」とのことであった．

　2階の電灯回路の主幹スイッチは漏電遮断器（以下「ELCB」という）であり，通路に分電盤があって，停電するたびに従業員がELCBを再投入していたが，ELCBが動作する原因は不明であった．

(2)　現場出向時の調査状況

　停電する時間帯から動作原因は，外灯に関係する漏電か，または過負荷ではないかと思い調査をはじめた．絶縁抵抗を測定したところ，15 MΩであり異常ではなかった．

　その後，しばらく様子をみていると突然，ELCBが動作して漏電表示を示した．そこで再度，絶縁抵抗を測定しようとして絶縁抵抗計（メ

ガー)の測定棒をELCBの負荷側端子に近づけたとき，ELCBは開放しているにも係わらず測定棒の先端に火花が発生した．どうしたことかと思い，電圧の有無を確認するため検電したところ検電器は鳴動した．停電しているはずの2階の電灯回路に何らかの原因によって，電気が通電して電圧が生じていたのであった．

(3) 顧客からの一言で停電原因を究明

このとき，不思議な顔をしている私を見て，顧客が「最近，屋外倉庫の蛍光灯はスイッチを開放しても薄暗く点灯している」という話をした．蛍光灯を確認するため，屋外倉庫へ行くとスイッチの入・切とは無関係に蛍光灯は薄暗く点灯していた．

引き続き，分電盤から屋外倉庫まで配線を点検したところ，建物の壁に沿って施設してあるVVFケーブル被覆の一部が焦げているのを発見した．VVFケーブルは，合成樹脂配管の切れ間から露出しており，露出した箇所にネオン電線が接触しており，被覆が焼損して心線が露出した状態であった．

夕方になりネオン回路のタイムスイッチが入るとネオン回路には，ネオン点灯用の高電圧が生じて，ネオン電線と接触したVVFケーブルの心線が露出した箇所にて，リーク放電が発生していた（**第1図**参照）．

ELCBの動作原因は，VVFケーブル心線の露出した箇所にて生じた

第1図　被覆損傷によるリーク放電発生

リーク放電が接地へ伝わり，漏えい電流として ELCB が検出したためであった．

今回の事例のように「夕方から夜間のみ停電する」，「スイッチを開放しても蛍光灯が薄暗く点灯している」など，顧客からの情報は故障原因の早期発見に大いに役立った．

(4) 停電故障の再発防止

さっそく，顧客に原因を説明して，電気工事店にて修理した．

今回のようなトラブルが発生した原因は，ネオン電線の被覆が劣化してひび割れが生じて垂れ下がったため，下部に配線されていた VVF ケーブルに接触したためであった．

合成樹脂管から露出している VVF ケーブルは，フレキシブルパイプにて保護した．

事例 2　教室内の電気設備に注意

(1) 現場出向時の状況

6 月の初旬にある学校から「漏電警報器」が鳴動しているという連絡を受けさっそく，2 名で現場出向することにした．学校からは，以前にも蛍光灯が漏電して同様の連絡を受けたため，今回もほかの蛍光灯だろうと安易に考えていた．

現場調査にて変圧器 B 種接地線の漏えい電流を測定した結果，700 mA の漏電が繰り返して発生しており，漏電の発生箇所を探求したところ，漏電発生の回路は以前と同じ校舎であるところまで特定できた．しかし，授業中であったため蛍光灯を停電することができず，放課後，先生に立ち会ってもらい，停電させて漏電箇所を特定することにした．

(2) 漏電の発生原因（教室内の調査より絶縁テープの剥がれを発見）

すべての蛍光灯を消灯しても 700 mA の漏電は消滅せず，蛍光灯が漏電原因ではないことが判明した．

教室内にフロアコンセントがあるかもしれないと思い，先生に確認して

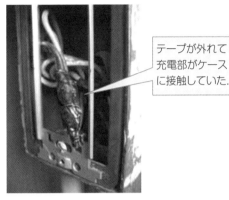

第2図

みると「コンセントがあるのは理科室」と言われて，理科室のコンセントを調査した．この結果，机の脇に設置してあるコンセントおよび中継ボックスカバーがなくなっているところがあった．また，中継ボックス内の電線接続部に施された絶縁テープは劣化して充電部が露出しており，金属部分に接触している状態であった（**第2図**参照）．

分電盤内にて教室コンセント送り開閉器を開放して，変圧器 B 種接地線にて漏えい電流を測定したところ，700 mA の漏えい電流は消滅していた．絶縁テープの劣化により露出した充電部をテーピング処置してボックスカバーを取り付けたのち，絶縁抵抗を測定した結果，20 MΩ 以上の良好な値であり絶縁不良の復旧を確認した．

(3) **感電や漏電の未然防止（点検時の留意事項）**

教室内では，多くの生徒が集っており，移動時などに誤って配線接続のボックスカバーやコンセントを損傷するおそれがある．多くの人が集まる場所では，損傷による充電部露出により感電のおそれが高くなる．ゆえに，感電や漏電の未然防止として，点検時には教室内のコンセント類に留意することも大切である．

参考出典
　中部電気保安協会「電気と保安」

CASE.32 配線の劣化・損傷から生じた漏電その2(ビニルコードの劣化・損傷)

　電気器具に至る配線にはコードが用いられており,コードは使用場所にて知らないうちに踏みつけられて損傷したり,移動用電線として使用するため経年使用による劣化損傷により,漏電発生の原因になることがある.漏電遮断器動作(遮断)による停電が生じた場合,広域な使用場所にて,漏電発生の部位を発見することは困難であるが,電気器具を使用する顧客との会話からヒントを得て故障原因の究明に至った事例があり,以下にこの内容を記述する.

事例1　踏まれ続けた電線の悲鳴

(1)　漏電発生と現場出向時の状況

　休日の昼過ぎ,新装して間もない大形スーパーマーケットから停電の連絡が入り,直ちに現場出向した.店内は平常と変わらない賑わいをみせており,突然「…停電を繰り返して,大変ご迷惑をおかけし…」放送が入ってきた.分電盤室へ案内されて調査したところ,停電は電灯主回路に設置された漏電遮断器の漏電検出により動作したものであった.絶縁抵抗を測定したが正常であり,漏えい電流の検出もなく,原因究明には相当の時間を覚悟せざるを得なかった.

(2)　現場調査

　「今,停電して最も困るものは」の問いに対して,「レジ」との返答であった.

　早急にレジだけでも正常に使用できるようにする必要があった.店の方に店内の巡視をお願いして,掃除機やビニル包装機など作動しているものや体の動きが電線やコード類に触れて,漏電の原因になりそうなところを

調べた．

(3) 店員からの一報により漏電原因を究明

　漏電調査の準備も完了して，絶縁抵抗測定のため3分間の停電をお願いしたとき，店員から「レジで顧客に袋を渡そうとしたときに停電した気がする」という一報が入ってきた．その足元にはレジへ繋がる電線があり，フロアダクトの上ぶた鉄板の隙間からビニルキャブタイヤコード（以下「コード」という）で引き出されていた．そのコードの上に鉄板が乗せてあり，足で踏むたびに圧力が加わってコード被覆を損傷させており，最終的に心線（導体）が露出し鉄板に触れたことが漏電の発生原因になっていた．漏電の発生は鉄板を足で踏むたびに生じているようであった（**第1図**参照）．

　コードの傷は目に見え難いほどのわずかなものであり，店員が気付かなければ，原因究明に大変苦労するところであった．コード被覆の損傷箇所

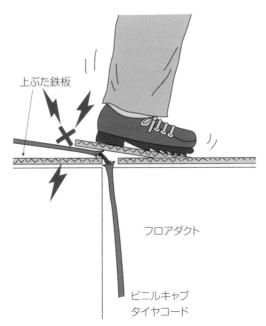

第1図 キャブタイヤコードの損傷状況

をビニルテープにより補修して応急措置とした.

今後の使用において，コードに損傷をきたさないよう恒久的な対策をお願いした.

事例2　電気掃除機のコード不良による停電―配電線の故障と錯覚

(1)　現場出向時の状況

ある小学校から1階事務室で停電したとの電話連絡が入った．時間は14時40分頃であった．現場出向して1階の分電盤を調査したところ，電灯回路の主幹スイッチである漏電遮断器が漏電検出により動作（遮断）していた．漏電遮断器以降の絶縁抵抗を測定したが50 MΩ と良好であった．動作した漏電遮断器を投入したところ，正常に使用できたため，その日は帰所した.

(2)　現場調査

それから4日後，再びに停電したとの電話連絡が入った．時間は14時45分頃であった．さっそく現場出向して調査したところ，前回と同様に漏電遮断器が動作していた．絶縁抵抗を測定した結果，50 MΩ であり，正常値であった.

2回続けて，同様な時刻に同じ漏電遮断器が漏電検出によって動作したことから，何か原因があるに違いないと思い，漏電遮断器以降にて使用されているコンセント回路およびコンセント回路に繋がれている電気器具を重点的に調査することにした.

(3)　電気器具使用者との会話が原因究明のヒントに！

コピー室を調査していたところ，たまたま用務員の方が掃除のため入室してきた.

漏電に起因した停電が生じたため，調査中であることを話したところ「廊下掃除のため電気掃除機を使用していたら停電が生じた．また，配電線の故障かと思いモップで掃除することにした」との返答であった．アッ

配線の劣化・損傷から生じた漏電その2（ビニルコードの劣化・損傷）　　　　165

第2図　劣化損傷により心線露出した掃除機コード

これだと思い，さっそく掃除機を見せてもらうと，コードが手摺りに巻き付けてあった．よく見ると数箇所が傷んでおり，心線（導体）が露出した状態であった（**第2図**参照）．

(4) **漏電の発生原因および再発防止**

掃除機の使用時には，手すりに巻き付けてあるコードは引き延ばしたうえ，引きずりながら使用することから，劣化損傷により心線露出した箇所が建造物に触れて，漏電発生の原因になった．現場出向して絶縁抵抗測定したときには，掃除は終わっており，掃除機コードは手すりに巻き付けられていたため，絶縁不良として検出されなかった．

応急措置として，コードの損傷箇所をビニルテープで処置するとともに，コードの損傷は漏電発生の原因になり危険であるため，交換が必要であることを伝えた．

その後，ほかの掃除機（4台）とともにコードを取り替えてもらった．

参考出典
　中部電気保安協会「電気と保安」

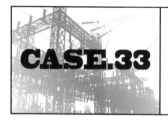
CASE.33 異常電圧の発生は漏電が原因

　漏電発生に伴う症状には，異常電圧の発生として現れることがある．また，漏電により生じる異常電圧の発生は，大電流漏電に起因していることが多く，漏電遮断器の保護範囲外で漏電が生じた場合，漏えい電流が流れ続けるため感電・火災に至る危険性が高くなる．設備に生じた異常電圧の発見から故障原因を究明して，事故の未然防止に資した事例があり，以下にこの内容を記述する．

事例1　漏電による異常電圧の発生（単相3線式の中相対地電圧が上昇）

(1) 故障発生と現場調査時の状況

　ある日，顧客（雑居ビル）から「1階に入居しているテナントのATM（単相100 V）が使用できないので，調査してほしい」との申し込みがあった．

　すぐに，2人で現場出向したところ，すでにATM業者の方が調査していた．私たちの顔を見るなり「電圧がおかしいですよ」との情報提供を受け，分電盤内にて単相3線式回路の電圧を測定した．その結果，正常時には電圧が零である配線用遮断器（以下「MCCB」という）の中相と対地間にて60 Vの電圧が生じていた．検電器で確認したところ，R相（電圧相）とS相（接地相）は検電器が鳴動したが，T相（電圧相）は鳴動しなかった．

　この状態から「うーん，これは電圧相であるT相で大電流漏電が生じているな」と長年の経験から直感した．

(2) 漏電の発生原因

　大至急，地下の受電設備へ行き，電灯変圧器のB種接地線にて漏えい電流を測定すると，18A通電していた．これは危険だと思いATM業者の方に「現在，大電流漏電が生じており，感電の危険があるので，原因が判明するまで待機してください」とお願いしたのち，漏電探査を行った．

　漏電探査の結果，ようやく漏電の発生箇所は3階のコンセント回路であり，オーブンレンジから漏電していることが判明した．

(3) 異常電圧の発生と機器（ATM）故障原因

　正常であれば，電圧が零であるMCCB中相の対地間にて，60Vの電圧が生じた原因は次による．

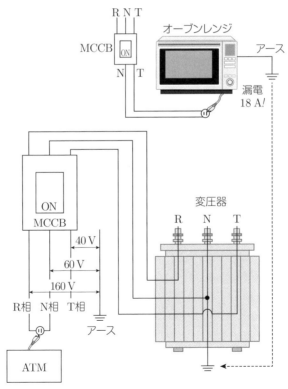

第1図 オーブンレンジからの漏電と異常電圧の発生状況

オーブンレンジのT相（電圧相）が地絡したため漏えい電流は，変圧器低圧側電圧（T相，N相間）を源として，機器（オーブンレンジ）の地絡抵抗とB種接地抵抗を介して通電するループを形成する．ゆえに，変圧器低圧側電圧の100Vは漏えい電流によって，地絡抵抗間とB種接地抵抗間に分圧することになり，B種接地抵抗間電圧として，MCCBの中相と接地間に60Vが生じた．

また，漏電発生したT相と接地間電圧は40Vになり，健全状態にあるR相と接地間電圧は160V（接地と中相間電圧および中相とR相間電圧の和）に上昇した．上昇した電圧（160V）により，ATMは故障に至った．このように，大電流漏電が生じた場合は，対地間電圧に異常をきたすため機器の故障を招くことがある．

⑷ 故障の再発防止策

故障したオーブンレンジが使用されている3階コンセント回路に漏電遮断器は設置されていなかったため，漏電から電路を保護できず異常電圧の発生となり，ATMの故障に至った．故障の再発防止および漏電発生による感電・火災の防止として，使用されている各オーブンレンジに漏電遮断器（コンセント取付タイプ）を設置してもらった．

事例2　低圧避雷器も大事です！

⑴ 異常発見時の状況

冬の足音も聞こえてきた11月下旬，山頂に設置された顧客の年次点検での出来事である．顧客の電気設備は低圧にて受電しており，かつ非常用予備発電装置が設置された設備であった．停電前に非常用予備発電装置の接地抵抗測定を行ったところ，40V近い地電圧が生じており，接地抵抗測定を実施することができなかった．

漏電が発生していると判断したため，配電線からの引込み口に設置された遮断器の電源側にて漏えい電流を測定したところ，5Aの漏電が生じていたため，さっそく，原因調査に取りかかった．

(2) 異常（漏電）の発生原因

　引込み口の遮断器を開放して，絶縁抵抗測定すると 0 MΩ であった．顧客の設備は，引込み開閉器から絶縁変圧器を介して，負荷設備に電源を供給していることから，絶縁変圧器が漏電していると判断し変圧器箱のカバーを開けたところ，低圧避雷器の焼損を発見した．避雷器を電源から外して再度，絶縁測定を行うと 20 MΩ に回復したため，原因は低圧避雷器の焼損による漏電であることが判明した．

　低圧避雷器は，通常使用において焼損することはないため，数日前にあった雷に起因する焼損ではないかと思われた．その他の機器を確認したところ異常がなかったことから，低圧避雷器が重要機器を雷の大電流から保護し，故障の拡大を防ぐことができたと推察した．

(3) 漏電の検出および通報として

　この地域は，冬季も発雷・落雷が多いところであり，焼損した低圧避雷器は 1 週間ほどで改修してもらったが，設備が山頂のため漏電した場合に発見が遅れることから，通信回線等を活用した警報システムの検討をお願いした．顧客からは，積雪があると現場に来ることができないため，今回の年次点検で発見できたことに大変感謝してもらえた．避雷器は雷保護に

第 2 図　低圧避雷器の焼損箇所

効果があり，被害を最小限に抑えられることを再認識した事象であった．

参考出典
　中部電気保安協会「電気と保安」

CASE.34 不使用機器や配線は漏電・感電のもと

　電気使用場所においては，機器の取替えや改造により不要となる配線が生じることがある．取替えや改造により新規使用する機器の稼動に傾注するあまりに，不要になった配線がまれに電圧印加した状態にて放置されることがある．

　不要配線は，正規使用しないため切断したままの状態や支持・固定のない状態の場合があり，感電や漏電の原因になるため，機器のリプレースとともに不要になった配線は，撤去することが大切である．以下に，機器の不要配線から生じた漏電発生の事例を記述する．

事例1　コンクリート電柱が漏電をキャッチ

(1) 漏電発生時の状況

　ある学校へ月次点検に出向したときのことであった．

　電気保安責任者より「校内を巡視しているときに，プールに隣接しているコンクリート柱に触れたら，熱を帯びていたが電柱が熱くなることがありますか？　点検時によく調べてほしい」と言われた．さっそく，現場へ行き電柱に触ってみたところ，本当に熱を帯びていたので驚いた．「これは何か変だぞ！」と直感して，調査を開始した．電柱上には，変圧器が2台設置してあり変圧器低圧側の漏えい電流を測定したところ，18Aの漏電が生じていた．変圧器からはプールのポンプ室へ電源を供給しており，原因究明のためポンプ室内を点検することにした．

(2) 漏電発生とコンクリート柱が熱を帯びた原因

　ポンプ室の循環ポンプは取替えてあり，新しいポンプと旧ポンプの2台が設置されていた．旧ポンプの配線をたどると配管（金属管）が切断され

ており，管内に布設された電線が配管（金属管）に接触していた．当初は旧ポンプへ電源を供給している開閉器は開放されていたが，誤って投入してしまい，その状態のままであることがわかった．

漏電の発生は，管内に布設された電線の充電部分が配管（金属管）に接触したためであり，コンクリート柱が熱を帯びた原因は，漏えい電流がコンクリート柱内部に施工された柱上変圧器のB種接地線に流れ，大電流漏電（漏えい電流；18 A）であったことから接地線が熱を帯び，コンクリート柱の鉄筋に伝導したためであることが判明した（**第1図**参照）．

(3) **防止対策**

機器の取替えにより不要になった配線や開閉器は放置せず，機器の取替えとともに確実に撤去すること，および漏電遮断器の設置が事例のようなトラブル防止として重要である．

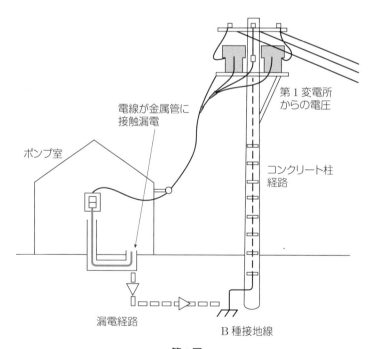

第1図

不使用機器や配線は漏電・感電のもと   *173*

【参考】　内線規程（JEAC 8001-2016）によれば，漏電遮断器の一般的な施設例として**第1表**のように定めている．

第1表　漏電遮断器の一般的な施設例

機械器具の施設場所 電路の対地電圧	乾燥した場所	湿気の多い場所	水気のある場所 （雨線外を含む）
150 V 以下	—	—	○
150 V を超え 300 V 以下	—	○	○

○：漏電遮断器を施設すること　　—：漏電遮断器を施設しなくてもよい
※住宅の電路には，第1表にかかわらず漏電遮断器を施設することを原則とする．

事例2　不要配線は漏電，感電のもと

⑴　漏電遮断器の動作状況

　ある工場へ月次点検に出向したとき，工場の電気保安責任者より「最近，動力用の漏電遮断器がときどき動作する．動作は1日に1回のときがあれば，1時間に2〜3回のときもあり，仕事にならないので困っている」と申し出を受けた．

⑵　漏電遮断器動作の原因調査

　さっそく，漏電遮断器動作の原因調査に取りかかり，動力回路の漏えい電流を変圧器のB種接地線にて測定したところ，漏えい電流は8 mA であり，通常と変わらない値であった．

　原因調査のため設備点検を実施していたとき「バチッ」という音とともに，機械が一斉に停止した．機械の一斉停止は，漏電遮断器が動作したためであり，低圧回路の絶縁抵抗測定（電磁開閉器以降を含む）を実施したが，絶縁抵抗値は良好であった．

　漏電発生の回路を特定するため，動作した漏電遮断器の分岐回路に多回路漏電探査器を設置して，漏電監視を開始したところ1時間ほど経過したとき，再び「バチッ」と音がして機械が一斉停止した．多回路漏電探査器の動作表示から漏電発生の回路を特定したところ，ある機械の制御盤以降の故障であることが判明した．

(3) 漏電の発生原因

　制御盤以降の配線を調査した結果，制御線を途中切断してテーピング処理を施してある不要配線（制御線）を発見した．この電線の一部分には損傷が生じており，充電部露出していた．この制御盤にて可動している機械はチェーン駆動しており，不要になった制御線がチェーンの上に乗っていたため，チェーンが動くたびに不要配線（制御線）被覆の損傷が徐々に進行していき，ついには充電部露出となり漏電発生の原因になって，漏電遮断器動作に至った（**第 2 図**参照）．

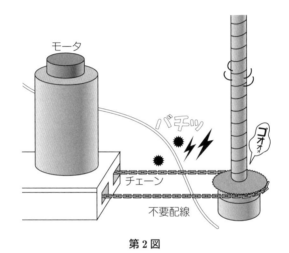

第 2 図

(4) 漏電の原因究明と防止策

　漏電発生した不要配線（制御線）は，機械を改造した際に不要になったものであった．

　機械の側で働いている従業員から「以前にも，この場所で火花が生じていた」との証言を得た．チェーンの稼動部は機械の下部にあり，よほどの注意を払わなければ電線の被覆損傷を発見できない場所であった．

　工場の電気保安責任者のみでなく，機械を扱っている従業員からも情報を得ることが，原因究明として必要であることを教訓とした．漏電故障の防止として，機械の改造などに伴い生じた不要な配線は，放置せず撤去す

る必要がある.

参考出典
　中部電気保安協会「電気と保安」

CASE.35 電線の被覆劣化から生じた短絡故障

　経年使用による電線の被覆劣化は，漏電のほか短絡の発生原因になる．電路の末端にて短絡が生じたときは，保護する配線用遮断器の動作に至らない場合，短絡電流は流れ続けることになる．電路にて短絡が生じた場合は，短絡電流の通電による電圧低下となって症状を現すことがあり，症状が現れた場合に放置せず，原因究明に徹することが，事故の未然防止として大切である．以下に，電線の被覆劣化から生じた短絡事例を記述する．

事例1　えっ！ こんなところで短絡が

(1)　故障発生時の状況

　ある顧客（高等学校）から「農園内機械室の蛍光灯がぼんやりとしか点灯しない」と連絡が入ったため，2名で現場出向して原因調査を行った．この学校には農業科があり敷地が広大であるため，校内の各施設へは架空電線にて送電されている．

　機械室（蛍光灯がぼんやりと点灯）にて，電灯回路（蛍光灯）の電圧を計測すると80Vに低下していた．受電設備（キュービクル）にて，機械室へ送電している配線（単相3線式）電圧を測定した結果，104V/208Vであった．機械室への送り配線に漏えい電流はなかったが，負荷電流を測定したところ単相3線式回路のうち白相と黒相には150Aの電流が流れており，通常時よりはるかに大きな電流値であった．

(2)　故障原因の調査

　校内が広範囲であることから調査には人手が必要であり，さらに4名が出向して6名で調査を行うことにした．農園内の各施設への引込線を調査するため，電柱に昇って外観点検と電流測定を行った．調査の結果，各施

設への引込線には異常電流は生じていなかったが，架空電線自体には異常電流は通電している状態が続いた．調査は数時間に及び，最後に架空電線末端に設置された架空電線の電流測定を行ったところ，異常電流は消滅していた．

その手前の電柱には施設への引込線はなかったが，電柱上では一部の配線（DV線）が合成樹脂管に入線して装柱されており（**第1図**参照），合成樹脂管の電源側では異常電流が生じていた．しかし，負荷側では異常電流は消滅しており，合成樹脂管に触れると熱を帯びていた．

第1図 熱を帯びていた合成樹脂管

(3) 故障の発生原因

停電して合成樹脂管内の電線（DV線）を抜き取り調査したところ，3本ある電線のうち2本の電線にて一部が焼損していた（**第2図**参照）．電線被覆は経年使用による劣化が進行しており，異常電流の発生は電線被覆の劣化に伴い，電線相互間が短絡状態になったためであることが判明した．機械室の電圧が，80 Vまで降下した原因は，電線の短絡によって生じた異常な過電流による架空電線での電圧降下によるものであった．

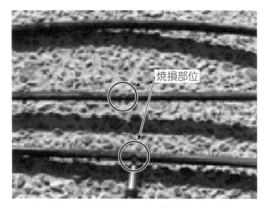

第2図　一部が焼損した合成樹脂管内の電線

事例2　古くなった平行ビニルコードが短絡

(1) 点検時に破損したプラグと劣化した平行ビニルコード（スパーク発生）を発見

　ある顧客へ月次点検に出向したときのことであった．電気使用場所の点検を行っていたところ，壁側のコンセントにて少し破損が生じているプラグを発見した．充電部が露出していたため，コンセントからプラグを抜き取ってビニルテープで応急処置を施したのち，コンセントに差し込んだところ「バチッ！」という音とともにスパークが生じた．

　プラグを抜き取って調べてみると，硬くなったコードが2線とも折れ，芯線（導線）がむき出しになっていた．スパーク発生の原因は，心線の剥き出し箇所で短絡が生じたためであった（**第3図参照**）．

(2) 平行ビニルコードにも弱点あり

　平行ビニルコードは，電気器具の移動用配線として用いられており，コンセントへのプラグ抜き差しに使用されている．プラグ抜き差しの繰り返しやコードの経年劣化と相まって，コードには亀裂損傷の生じることがあり感電の原因となるほか，短絡が生じれば発生するスパークにより，電線焼損による火災や可燃性物質が存在する場合は引火するおそれがある．

電線の被覆劣化から生じた短絡故障

第3図

　平行ビニルコードの被覆は薄く，経年使用により水や油が浸透することによっても劣化進行する．平行ビニルコードは，住宅内など身近なところにも多く使用されており，感電や火災防止のため，劣化が確認された場合は早めに交換することが大切である．

【参考】　トラッキング現象による火災防止

　トラッキング現象とは，コンセントに差込んだプラグの周辺に綿ぼこりや湿気などが付着することにより，差込みプラグの刃の間に電流が流れ，火花放電を繰り返すことで，絶縁樹脂表面に炭化導電路（トラック）が形成され，発火する現象である．

　トラッキング現象による火災防止としては，差込んだままのプラグにほこりが溜まらないように，プラグを抜いて掃除をする．トラッキング対策をした差込みプラグに交換する．使用しない電気製品の差込みプラグは抜いておくなど，対策が必要である．

参考出典
(1)　中部電気保安協会「電気と保安」
(2)　経済産業省 商務流通保安グループ 製品安全課「電源プラグのトラッキング対策の適用範囲拡大について」

CASE.36 単相3線式開閉器中性線の接触不良による不具合事例

　高圧自家用電気設備にて使用場所設備へ供給されている電灯配線の大半は，単相3線式（単3）である．単相3線式では，単相2線式と比べて電路の電圧降下が少ないため，負荷（100 V）を多く使用する設備に適するほか，200 V機器を使用できるメリットがある反面，中性線欠相により生じる異常電圧により，機器を焼損させるリスクを伴う．以下に単3開閉器中性線の接触不良から生じた不具合事例および中性線欠相保護などを記述する．

事例　単3開閉器中性線の接触不良発見（顧客の一言がヒントに）

(1) 顧客の一言から異常が判明

　ある顧客（電子部品組立工場）へ月次点検に出向いたときのことです．

　工場内の組立ライン付近を点検中に一瞬，蛍光灯がパカパカと異常点灯した．近くの従業員に「今，何かありましたね」と話しかけると「最近は生じないが，先月末にも4，5回ほど異常点灯したことがあり，細かい仕事をしているから困る」との話であった（**第1図参照**）．

　点検を進めていくと，蛍光灯の異常点灯は，組立ラインのうち一列の蛍光灯のみであることがわかった．高圧自家用電気設備（キュービクル）内から電灯分電盤へ送り出している開閉器および電灯分電盤内の開閉器にて電圧を確認したが，いずれも異常は見受けられなかった．電気保安責任者に「今日に限って使用している機械はありませんか」と尋ねたところ，「今日は高速カッターを短時間使用した」との返答であった．高速カッターを使用してアングルを切断してもらったところ，2〜3回切断するう

第1図

ち1度は蛍光灯が異常点灯しており，蛍光灯の異常点灯は，高速カッターの使用時に発生することがわかった．

(2) **異常点灯（蛍光灯）の原因**

高速カッター使用時に，高速カッターへ電源を供給している開閉器（単相3線式）にて電圧測定したところ，高速カッターの使用時の電圧はL1相とN相間が80～75Vまで低下しており，N相とL2相間の電圧は，130～135Vまで上昇する状態であり，高速カッター使用時には，電圧異常を生じることが判明した．蛍光灯が異常点灯した原因は，高速カッターの使用時に生じた異常電圧が，蛍光灯具に印加されたためであった．

(3) **電圧異常の発生原因**

単相3線式電路では，開閉器中性線が欠相になった場合，正常時は100VであるL1-N間およびL2-N間電圧は，各電圧線と中性線間に接続された負荷の大きさに応じて200Vが分圧するため，負荷容量が小さい方の電圧線と中性線間の電圧は，100V以上に上昇することになる．

事例では，開閉器の中性線締付け箇所が経年劣化により接触不良を生じ

た状態にて，L1-N間の負荷として高速カッター（負荷3）が加わったことにより，L1-N間に比べてL2-N間の負荷が小さい状態になり，電圧にアンバランスが生じてL2-N間電圧は130〜135 Vに上昇し，L1-N間電圧は80〜75 Vに低下した．高速カッター（負荷3）を使用しないときは，L1-N間およびL2-N間の負荷として蛍光灯（負荷1および負荷2）の容量は均衡しており，各電圧線と中性線間電圧はバランスして100 Vを保持していたが，高速カッター（負荷3）の使用によって，負荷に片寄りが生じて電圧にアンバランスが生じた（**第2図**参照）．

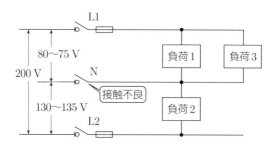

第2図 中相接触不良により生じた電圧のアンバランス

(4) 防止対策（単相3線式と中性線欠相保護）

単相3線式では配線の繋ぎ方によっては，100 Vと200 Vを同時に供給できる特徴があり，一般住宅では200 V機器（エアコン・IHクッキングヒータ等）の種類も増えたことから，単相3線式の配線方式が増加している．

しかし，単相3線式の配線方式では中性線の断線や端子の緩みなどが原因した接触不良が生じると（中性線欠相）電圧のアンバランスを生じて，機器を焼損させることがある．こうした事態に対して内線規程では1995年の改定から，「単相3線式電路に施設する漏電遮断器（配線用遮断器）は中性線欠相保護機能付きのものとすること．」が定められており，現在販売されている単相3線式用の漏電遮断器のほとんどは，中性線欠相を感知すると自動的に遮断する中性線欠相保護機能を有している．

故障の未然防止のため，開閉器点検では中相の緩みなどに留意することが大切であるが，遮断器では内部の接触状況を確認することは難しく，中性線欠相防止保護機能付を有する遮断器（配線用遮断器または漏電遮断器）に交換することが望ましい．

【補足】 単3開閉器の中性線欠相による電圧異常の発生

例えば，**第3図**に示すように中相と各電圧線間に 100 V 機器として 200 W（50 Ω），20 W（500 Ω）が使用されている場合において，単三開閉器の中相にて欠相が生じた場合は負荷の大きさに応じて，200 V が分圧されて各負荷に加わる．ゆえに，20 W（500 Ω）負荷には 100 V 以上の電圧（182 V）が加わり，機器の焼損に至ることがある．

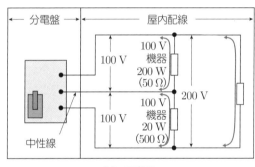

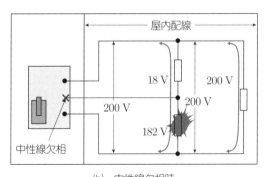

第3図 中性線欠相による電圧異常

参考出典
(1) 中部電気保安協会「電気と保安」
(2) 国民生活センター「住宅用分電盤のトラブルに注意！」
(3) 日本電気協会「内線規程　JEAC 8001-2016」

CASE.37　接触不良から生じた焼損事例

　電気設備には配線相互の接続，開閉器と配線の接続および開閉器類の開閉接触など，接続や接触箇所があり，定格使用において発熱を生じないよう配線工事の施工方法や器具規格が定められている．しかし，施工不備や経年使用による劣化損耗，過負荷使用が要因となって，配線（器具）や機器から発熱が生じて焼損に至ることがある．配線（器具）や機器の発熱には気付き難く，焼損として症状が現れたときには停電故障のほか，電気火災に至ることもある．以下に接触不良から招いた機器や器具の焼損事例や未然防止としての留意事項などを記述する．

事例1　電磁開閉器接点不良による電動機の焼損

(1) 電動機の焼損状況

　ある顧客（プレス工場）から，電動機が焼損したので調査してほしい旨の依頼を受けたため，現場出向した．現場到着した後の問診によれば，焼損した電動機は3か月前に1回，また，その3か月前にも焼損しており，今回の焼損と合わせて3回続けて3か月ごとに焼損する有様であった．工場内には同機種の電動機は何台かあるが，他の電動機が焼損したことはないとのことであった．

(2) 現場調査時の状況

　焼損した電動機の使用電圧は400Vであり，高圧自家用電気設備（キュービクル）にて，変圧器二次側以降の電圧を調査し異常はなかったが，受電設備より焼損した電動機へ送り出している漏電遮断器には漏電検出を示す表示があり，動作（遮断）していた．
　受電設備より焼損した電動機に至るまでの配線には異常がなく，電動機

の制御盤内の調査に移った．制御盤内の開閉器端子および電磁開閉器の電源・負荷側端子に加熱・変色などの異常は見受けなかった（**第1図**参照）．しかし，電磁開閉器の接触状況を確認したところ，3相とも電源と負荷側端子間の導通がなく異常であった．電磁開閉器の外カバーを取り外して内部端子を調べたところ，固定接点と可動接点それぞれの接触界面は著しく損耗していた（**第2図**，**第3図**参照）．

第1図　電磁開閉器本体

第2図

(3)　**電動機の焼損原因**

　固定接点および可動接点ともに接触界面が著しく損耗しており，電動機起動中において電磁開閉器の接点間は接触不良をきたしたことから，電動

第3図

機への入力電圧は欠相状態となり,電動機には過電流が通電したため焼損に至ったと推断した.

(4) 故障の防止として

(a) 保護装置の設置

当該事例のような電動機焼損の防止には,モータリレー(欠相保護)を設置して電動機保護を図る.また,過負荷による焼損防止には,焼損防止に有効な電動機用ヒューズ,電動機保護用配線用遮断器,熱動継電器(サーマルリレー)などの電動機用過負荷保護装置を用いるか,過負荷の警報を発するような装置を設けることが必要である.

(b) 電磁開閉器の更新

故障の防止には電磁開閉器寿命の把握が必要であり,更新推奨時期としては標準使用状態で使用した場合は,使用開始後10年を更新時期の目安としているが,使用環境が悪い場合には更新時期を早くする(**第1表**参

第1表 使用環境の悪い場合の更新の目安(JEM-TR142)

環境	具体例	更新時期
高湿や亜硫酸,硫化水素などのガス,塩分などが含まれ塵埃の少ない場所	地熱発電所,汚水処理場,製鉄,紙,パルプ工場等	約3〜7年
人間が長時間滞在できず,腐食性ガス,塵埃の特にひどい場所	化学製品工場,採石場,鉱山現場等	約1〜3年

照).また,使用年数が10年未満であっても,製品が規定する開閉回数を超過したら更新時期とする.

事例2　接触不良から壁コンセントが焼損

(1) 顧客からの申し出によりコンセント焼損を発見

ある顧客へ月次点検に出向して作業場の点検を終えたとき,女性従業員より「1週間ほど前から2階で作業していると,ときどき焦げた臭いがする」と申し出を受けた.点検時に異常は見受けなかったが,再点検することにして再度確認したが焦げた臭いはなく,蛍光灯や壁コンセントにも過熱している箇所はなかった.

原因は何であろうかと思い,作業場を見渡したところ作業台の上にアイロンが2台置いてあった.アイロンの使用と関係があるのではないかと思い,「焦げた臭いがする」という申し出をされた女性に問い合せたところ,アイロンがけ作業をしているときに焦げた臭いがしたとのことであった.

(2) コンセントの焼損原因

普段使用しているコンセントにアイロン用のプラグを差し込んでアイロンを使用すると,作業場入り口付近の使用していないコンセントから焦げた臭いが生じた.放射温度計で温度を測定したところ108 ℃まで温度上昇していた(**第4図**参照).コンセント外枠を外して内部を点検すると,

第4図　異常に温度上昇したコンセント

他のコンセントへ配線を送っている配線接続箇所付近が焼損していた．焼損原因は接続箇所の接触不良によるものであり，アイロンの使用によって接触不良の生じているコンセント接続箇所に電流が流れ，接触不良に伴う発熱によりコンセント接続箇所が焼損（**第5図**参照）したという事象であった．アイロン用のコンセントではなく，アイロン用コンセントへ配線を送っている別のコンセントが焼損するという，めずらしい事例であった．

第5図 コンセントの焼損箇所

このまま放置して使用すれば，発熱・発火に至るおそれがあった．顧客からの一言から，コンセント焼損箇所を発見することができ，事故・故障の未然防止に資することができた．

事例のように，電気設備点検時にて不具合の発見が難しい場合があり，点検時には設備を使用している従業員からの申し出のほか，問診によって通常の使用時に不具合が生じていないか確認することが，故障箇所の発見のため大切である．

【参考】 亜酸化銅増殖発熱現象と可燃物からの出火

亜酸化銅増殖発熱現象とは，銅線と端子の接続部分で接触不良が生じたとき，接触している部分の銅が酸化して赤熱し，周囲の銅を溶かし込みながら亜酸化銅が増殖する現象をいう．

亜酸化銅の抵抗−温度特性では，常温付近では数 $10\,\mathrm{k\Omega}$ の電気抵抗であ

るが，温度上昇とともに急激に低下して，1 050 ℃付近では約3 Ωと極小となる特性を有していることから，亜酸化銅にいったん高温部が生じると，他の部分よりも抵抗値の低い高温部分に電流が集中して流れるため，高温状態が維持される．銅の融点は1 084 ℃であり，亜酸化銅に生じた高温部の温度と同程度である．ゆえに，高温部の周囲の銅が溶けて酸化するため，その結果，亜酸化銅が増殖していく．なお，高温部の熱によって，

第6図

第7図

直近の可燃物から出火することがある.

第6図に亜酸化銅増殖発熱現象を示し,第7図には亜酸化銅増殖発熱現象により焼損したカバー付きナイフスイッチの焼損状態を示す.

参考出典
(1) 中部電気保安協会「電気と保安」
(2) 日本電気協会「内線規程 JEAC 8001-2016」
(3) 日本電機工業会「電磁開閉器更新ガイダンス」2014
(4) 名古屋市消防局消防研究室 編「写真で見る電気火災調査要領」全国加除法令出版,
1986

CASE.38 変圧器低圧側の結線誤り

　高圧自家用電気設備では，設備容量の増設，減設により設備変更されることがある．

　キュービクル内の増設，減設作業は狭い場所であるほか，暗闇での作業になることもあり，作業誤りを生じないように，一層の注意を払う必要がある．

　また，設備変更の工事では，新規工事箇所を既設設備へ接続する作業が伴い，既設設備を正確に把握することが，結線誤りを防止するため大切なことである．

　以下に設備容量の増設，減設作業により生じた変圧器低圧側の結線誤り，および防止対策などを記述する．

事例1　電灯コンセントに200V

(1)　**新設設備のコンセント（電灯用）に200Vが発生**

　電気工事業者より，新設された顧客の屋内工事を行っているが，電灯用の100Vコンセントに200Vの電圧が生じているとの電話連絡を受けた．電話応対による原因究明は無理であることから，早速，現場に出向して原因調査するととした．

(2)　**現場調査結果**

　200Vが生じたコンセントは，コンピュータ用の100Vコンセント（接地極付）であり，コンセントにて電圧測定した結果は，**第1表**のようであった．

　第1表の測定結果に示すように，コンセント間電圧は正常であったが，コンセント電源と接地極間の電圧は異常であった．

第1表

測定箇所	測定結果（電圧値）
コンセント間（白相，黒相）	105 V
コンセント白相と接地間	210 V
コンセント黒相と接地間	183 V

※正常時のコンセント電源と接地間電圧
　コンセント白相と接地間：0 V
　コンセント黒相と接地間：105 V

(3) コンセント電圧が上昇した原因

　顧客の設備には，コンピュータを設置するためにキュービクルが新設さ
れ，コンピュータのコンセントへは，新設されたキュービクル内の単相変
圧器より電源が供給されていた．

　コンセント電圧の上昇原因を究明するため，新設された当該変圧器の低
圧側配線を点検したが，結線に異常はなかった．

　当該変圧器のB種接地線は，既設受電設備の変圧器B種接地線とハン
ドホール内で接続して，共用使用していると電気工事業者から説明があ
り，施工状況を確認するためハンドホール内の点検を行った．点検の結
果，**第1図**に示すように新設された当該変圧器のB種接地線は，既設の
三相変圧器低圧側のB種接地が施されていない電路に接続されていた．
コンピュータ用の100Vコンセントにて，異常電圧（第1図参照）が生
じた原因は，ハンドホール内でのB種接地線の結線誤りが原因であった．

(4) 防止対策

　事例では，既設設備へ新規に単相変圧器が増設された設備変更であり，
ハンドホール内にて，既設配線のうち接地線を正確に見極めなかったこと
が，不具合発生の要因である．接地線の見極めは，電線色の見分けによる
ほか，電圧確認によることが大切である．

　また，作業の終了後には，新設された変圧器低圧側の電圧測定を行い，
正常であるか確認する必要がある．

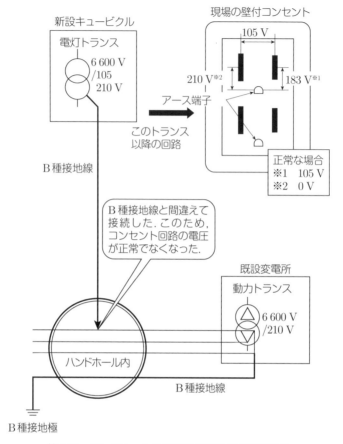

第1図　ハンドホール内にてB種接地線が結線誤り

事例2　単相変圧器V結線の誤り

(1) 設備変更による工事内容

　ある顧客（機械工場）のキュービクル内にて，変圧器の取替工事が行われた．

　変圧器の取替工事は設備の減設によるものであり，従来の三相変圧器（100 kV·A）1台，単相変圧器（30 kV·A）1台を撤去して，新たに単相変圧器（50 kV·A）2台を設置してV結線接続とした．V結線とすること

により，電灯負荷と動力負荷を共用使用することにした．

(2) 送電前に結線誤りを発見

　設備の減設工事は，高圧側および低圧側も含めて2日間にわたって実施された．

　工事の終了後，送電前の点検として電路の結線，締付箇所等の緩みなどの確認を行った．この結果，変圧器低圧側結線（V結線）に不具合を見受けた．再度，よく確認してみると，V結線された単相変圧器2台のうち，1台において極性が誤って接続されていた．

　誤った結線によれば，低圧側には364 V（$\sqrt{3} \times 210$ V）を供給することになり，機器の焼損を招くおそれがあった．**第2図**に誤った結線を示し，**第3図**に正しい結線を示す．

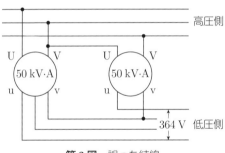

第2図　誤った結線

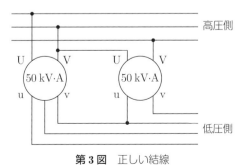

第3図　正しい結線

(3) 結線誤りの防止策

　事例の結線誤りは，狭いキュービクル内での施工であり，変圧器低圧側の極性がわかり難く，錯覚したものと思われる．結線誤りの防止として，工事の終了時には図面と工事箇所を照合して，図面どおりの施工であるか確認する必要がある．

　また，工事の終了時には結線確認のほか，接続箇所の緩みや電線の支持固定など施工状態の確認が必要であり，チェックリストを用いることにより，確実な確認に資することができる．

参考出典
　中部電気保安協会「電気と保安」

CASE.39　単相3線式配線の中性線の接続誤り

　単相3線式配線の中性線は両相（L_1, L_2）の共用であり，また，受電設備にて電灯変圧器が複数台使用される場合においては，中性線に施されるB種接地線の接地極は，大半が共用使用されている．しかし，中性線回路では接続誤りを生じても共用使用されていることから，誤りに気付き難いことがある．中性線の接続誤りによって，負荷電流は正規ルートを逸脱して通電したため，設備にトラブルを生じたことがあり，以下にトラブル内容および防止策について記述する．

事例1　2箇所で同時に漏電警報が発生

(1)　**警報発生と現場出向時の状況**

　ある日の夕方，顧客からの電話により事務室の警報盤にて「電気室故障」の表示点灯と警報ブザーが鳴動している連絡を受けたため，早速，現場に出向して原因調査を行った．

　現場へ到着して警報盤を確認すると「電気室故障」の表示点灯は，電灯回路の漏電表示を示すものであった．

(2)　**原因究明の調査**

　高圧自家用電気設備（キュービクル式）には，電灯用変圧器が2台設置されており，それぞれの変圧器B種接地線にて漏えい電流を測定した．この結果，両方の変圧器B種接地線ともに電流が通電しており，しかも電流値（13 A）は同一であった．

　原因究明のため，分電盤内を調査していたところ，前回の点検時と比べて配線が異なっていることに気が付いた．図面照合したところ，リモコンスイッチにおいて以前は200 V回路で使用されていたが，100 V回路に

配線変更された灯具（外灯）があった．

(3) **警報の発生原因**

先ごろに外灯灯具とリモコンスイッチを交換しており，リモコンスイッチを交換したときに誤って接続されていた．**第1図**に示すようにリモコンスイッチの電圧側配線は，電灯用変圧器（A系統）のMCCB負荷側へ接続しており，中性線はB系統の電灯用変圧器（B系統）のニュートラル端子へ接続されていた．

ゆえに，電灯用変圧器（A系統）の負荷電流（外灯）が，ニュートラル端子（B系統）から電灯用変圧器（B系統）の中相へ通電する電流ループが形成されて，A系統およびB系統の接地線には負荷電流（外灯）が通電した．

警報の発生原因は，A系統およびB系統の漏電警報器が，ともにB種接地に施された零相変流器によって，負荷電流（外灯）を検出したためで

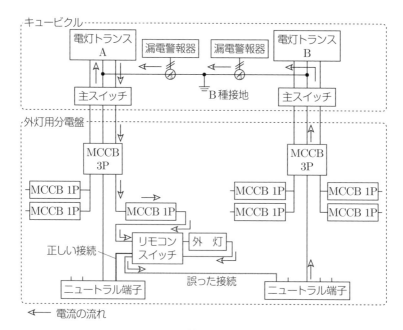

第1図

あった．分電盤内にて，配線を正規に変更したところ復旧し，「電気室故障」は解消した．

(4) 防止対策

　分電盤内では電線が束になって配線されるほか，配線ルートを確保するため引き回されていることがある．設備変更や更新に伴う配線換えを行う場合は，図面を参照した結線と結線後の確認が，接続誤りを防止するため大切である．

事例2　うっかりミスが思わぬトラブルへ

(1) 現場出向時の状況

　ある顧客へ月次点検に出向したとき，点検前の問診にて電気保安責任者より，コンピュータを 10 数台増設したことおよび増設後には，ときどきコンピュータの調子が悪くなることがあるとうかがった．

　早速，点検に入り，キュービクル内にてコンピュータ専用変圧器の B 種接地線にて漏えい電流を測定したところ，通常は 10 数 mA である電流値が 10 数 A に増加していた．また，電流値は 0 A 〜 10 数 A の間にて，ゆっくりと不規則な増減を繰り返していた．絶縁不良に伴う漏電の発生状況とは異なっており，異常電流の発生原因は絶縁不良のほかにあると思えた．

(2) ときどきコンピュータの調子が悪くなった原因

　コンピュータ専用変圧器の B 種接地線に生じた異常電流の発生原因を究明するため，応援依頼を受けて，応援者とともに原因調査を開始した．コンピュータ室にて増設されたコンピュータ（CPU）の配線を確認したところ，既設コンピュータ（200 V 用）の接地端子に増設されたコンピュータ（100 V 用）の電源線（白相）が接続されていた（**第 2 図**参照）．また，キュービクル内では，増設されたコンピュータへの送り配線（白相）は開閉器の中相に接続されてなく，接地極へ接続されていた（第 2 図参照）．

　ゆえに，増設されたコンピュータの負荷電流は，第 2 図に示すように既

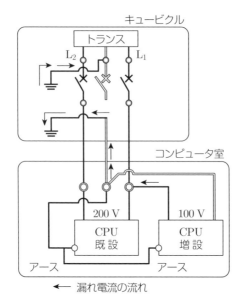

第2図

設コンピュータの接地線を伝い，大地を経由して変圧器のB種接地線へ通電するループを形成する．

したがって，負荷電流により接地抵抗にて電圧降下が生じることから，増設されたコンピュータの使用電圧は低下することになり，ときどきコンピュータの調子が悪くなる原因になった．

(3) **防止対策**

事例に示すコンピュータ増設後の配線変更では，接地線と電力線を混在使用したところに誤りを生じている．配線変更後の回路形成について十分な吟味をせず，うっかり変更作業を行ったことから不具合を招いている．

機器の増設に伴う配線変更では，基本に基づいた変更を行うとともに，変更後には図面を作成して，図面に基づき作業を行うことが，誤配線の防止として大切なことである．

参考出典
　中部電気保安協会「電気と保安」

CASE.40 単相負荷器具の結線誤り

　電気使用場所設備の配線には，電源線として負荷設備に電力を供給する配線のほか，機器外箱の接地線として，漏電発生時に人体を感電から保護する役目を担う配線がある．

　しかし，配線の結線を誤り，接地線を電源へ結線した場合には，大きな漏えい電流の発生や，機器外箱に使用電圧が印加されるなど，感電や火災の原因となり非常に危険な状態になる．以下に，配線の結線誤りが招いた不具合事例とその防止について記述する．

事例1　蛍光灯器具の漏電を発見！

(1)　漏電発生時の状況

　ある日の午後，顧客（中学校）の絶縁監視装置から，漏電が継続している状態を示す警報が鳴動したため，早速，現場出向して原因を調査することにした．

　現場到着して，電灯変圧器のB種接地線にて漏えい電流を測定したところ，7Aの漏えい電流が生じていた．

(2)　漏電の発生原因

　顧客への問診により，午後になってから家庭科室の蛍光灯を1本取り替えたことがわかった．蛍光灯を取り替えた灯具に原因があるかもしれないと思い，灯具を点検したが，外観に異常は見受けられなかった．当日は停電ができないことから，絶縁抵抗測定が実施できなかったため，リークキャッチャーにて漏電探査することにした．

　漏電探査の結果，家庭科室内の蛍光灯回路にて漏電が生じていることが判明した．家庭科室内の蛍光灯を隈なく探査したところ，漏電は蛍光灯を

交換した灯具から生じていた．灯具のカバーを外して配線を点検したところ，**第1図**に示すように，電源線と接地線が誤って結線されており，配線の誤結線が漏電の原因であることが判明した．

顧客に確かめてみると当日は，蛍光灯のほか，灯具も交換しており，灯具の交換時に配線の結線誤りを生じていたことがわかった．配線の結線誤りにより生じる漏電は，大きな漏えい電流になり感電や火災発生のリスクが高く大変危険である．絶縁監視装置による自動通報によって，故障の早期発見に結び付くことができた．

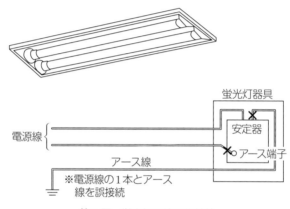

第1図　蛍光灯回路の誤結線

(3) **再発防止**

灯具の交換は，電気工事士の資格が必要である．資格を有していない者が配線工事を行った場合は，事例のように誤結線を招くほか作業者自身が感電するおそれがあり非常に危険である．これくらいの作業ならできると安易に思わず，素人工事は行わないで配線工事は電気工事士に委ねるよう徹底することが大切である．

【補足】　リークキャッチャーは，中部電気保安協会と戸上電機製作所にて共同開発した「無停電漏電探査器（特許第3420077号）」であり，変圧器のB種接地線にクランプ式の送信器を設置して，この送信器からB種接地線に高周波を注入し，漏電が発生している配線や機器を受信器で探査す

る装置である．

事例2　ケースが充電されていた電熱暖房器（誤った工事は感電事故のもと）

(1) 漏電発見時の様子

　ある冬の寒い日，顧客の月次点検に出向したときのことであった．電気使用場所設備である工場内の点検に入ったところ，真新しい電熱暖房器が設置されていた．点検時の習慣から電熱暖房器の外箱を，検電器にて触れたところ検電器が鳴動した（**第2図**参照）．

　電熱暖房器の外箱と接地間の電圧を測定した結果，210Vが生じていた．

第2図

(2) 漏電の発生原因

　電熱暖房器の電源は，三相の開閉器箱から供給されており，開閉器箱の扉を開けたところ，配線が誤結線されていることに気付いた．開閉器箱内の誤結線として，電熱暖房器へは電源線2本，接地線1本の3心にて構成されたキャブタイヤケーブルにて配線されており，電熱暖房器は単相200V使用であるため，開閉器箱内の開閉器負荷側端子には，電源線のほか接地線も電源端子に接続されていた．

　そのため，接地線を通じて電熱暖房器の外箱には電源電圧（210V）が

印加され，電熱暖房器の外箱と接地間に電圧（210 V）が生じる原因になった．

このまま放置することは大変危険であり，電熱暖房器の開閉器を開放したのち，接地線を開閉器の電源端子から外して，接地端子へ接続換えした（第3図）．

第3図　接地極付きコンセントが必要

(3) 防止対策

電熱暖房器の銘板には使用電圧：単相 200 V，結線図には，電源に接続する心線は赤色，白色の電線を使用する．緑色の線は接地に使用することが明記されており，簡単な作業でも，作業前には結線図により接続電線を確認すること，また，作業終了後は，結線に誤りがないか確認することが，トラブル防止として必要である．

【補足】　電気設備の技術基準の解釈によれば，移動電線と屋内配線との接続には，差込み接続器その他これに類する器具を用いることが定められている．事例のように，キャブタイヤケーブル（移動電線）にて電熱暖房器へ配線する場合は，開閉器から直接に電熱暖房器端子へ接続せずコンセントを介して配線する必要がある．

・住宅以外に施設する 200 V コンセント

内線規程（JEAC 8001-2016）によれば，住宅以外に施設する 200 V 用コンセントには，接地極付きのものを使用すること．（勧告）

また，同一構内において電気方式（交流，直流，電圧，相，周波数），分岐回路の種類が異なる回路がある場合にコンセントを施設するときは，

各コンセントは，異なった用途のプラグが差込まれるおそれがない構造の
ものを使用することが，定められている．

　コンセントには，使用する負荷機器に適合したものを予め選定するよ
う，留意が必要である．

参考出典
　中部電気保安協会「電気と保安」

CASE.41　電動機端子部の結線誤り

　工場など電気使用場所設備では，使用電圧や設備変更に伴う機械の移動により，電動機端子にて，結線換えや再結線することがある．電動機端子での作業は「軽微な工事」に属しており，容易に行うことができる．しかし，作業が容易であるがゆえに，楽観することは禁物である．電動機端子で結線誤りを生じた場合は，出力低下や大きな漏えい電流の発生原因になり，大きなリスクや危険を被ることになる．

　以下に，電動機端子部の結線誤りから生じた，不具合事例や防止策などを記述する．

事例1　低圧電動機を400Vから200Vへの結線変更時のミス

(1)　不具合発生時の状況

　ある顧客にて，電気使用合理化のため設備内容を減設することになり，400V使用の電動機を200V使用へ変更するとともに，電動機（400V使用）の専用変圧器を廃止することになった．電動機（200V使用）への配線変更を行ったのち，電動機を使用したところ負荷が増すと電動機へ電源を供給している変圧器の熱動継電器（以下「サーマルリレー」という）が動作して，作業ができない旨の連絡を顧客より受けた．

(2)　現場調査

　現場出向して調査したところ，サーマルリレーは電動機の定格容量以下の負荷使用にて動作しており，電動機配線の誤結線がサーマルリレー動作の原因であると推測した．電動機用開閉器を開放したのち，電動機の端子カバーを外して接続確認したところ明らかに接続ミスであり，電動機は誤

結線にて使用されていたことがわかった．

(3) 誤結線によるサーマルリレー動作

　電動機は使用電圧として，400 V と 200 V のいずれかを選択できるデュアル方式であり，電動機端子にて結線変更できる構造になっていた．**第 1 図**に使用電圧 400 V 時における正規結線を示し，**第 2 図**に使用電圧 200 V 時における正規結線を示すが，サーマルリレーが動作した当該電動機は，**第 3 図**のように結線されていた．第 3 図の結線では，1 コイルに加わる電圧は 100 V になり，電動機出力は定格出力の 1/4 になる．電動機は誘導電動機であり，定格負荷が加わって使用されていたが，結線誤りによって出力が 1/4 に低下したため，電動機は拘束状態になって「滑り」が増したことから，負荷電流は増大してサーマルリレー動作に至った．

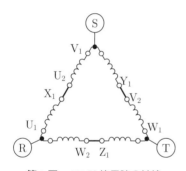

第 1 図　400 V 使用時の結線

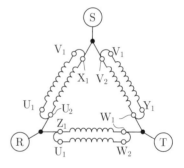

第 2 図　200 V 使用時の結線

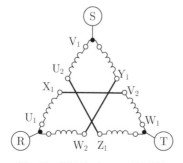

第 3 図　誤結線（200 V 使用時）

⑷ 防止対策

電動機端子での結線変更は，電動機銘板などに記載された結線図をもとにして作業を行うこと．また，作業の終了後には結線図と照合して，変更後の結線確認を行うことが，不具合の発生防止として必要であり，作業には慎重を期することが大切である．

事例2 誤結線による漏電でビックリ

⑴ 漏電検出と現場調査

ある顧客（工場）の月次点検に出向したときのことであった．キュービクル内にて動力変圧器の漏えい電流をB種接地線にて，クランプ電流計で測定したところ26 Aを指示した．大きな漏えい電流であり感電などのおそれが非常に高いことから，原因究明の調査を開始した．漏えい電流を検出した動力変圧器の負荷側開閉器以降にて，漏えい電流の発生箇所を見分けるため，逐次にクランプ電流計にて絞り込みながら探査した．この結果，漏電は工作機械から生じていることが判明した．

⑵ 漏電の発生原因

顧客（現場責任者）に依頼して，工作機械を停止（停電）して調査したところ，電動機端子にて配線が誤って結線されていた．電動機の電源端子への配線は4心キャブタイヤケーブルが使用されており，接地線（緑色）が電動機の電源端子へ結線され，電源線のR相（赤色）が電動機の接地端子へ結線されていた．ゆえに，電源（R相）から接地線を通じて，動力変圧器のB種接地線へ通電する電流ループが形成されて26 Aの漏電が発生した．

⑶ 再発防止

工作機械は顧客にて改造しており，電動機電源端子への配線接続は電気知識と経験の少ない従業員が行ったものであった．電気工事士法施行令では，電圧600 V以下で使用する電気機器の端子に電線をねじ止めする工事は「軽微な工事」とされており，電気工事士資格を有しなくても実施で

きる工事であるが，事例のように配線の結線誤りは大きな漏えい電流の原因になり大変危険であるほか，作業者自身が感電するおそれも生じる．ゆえに，作業前には作業手順や方法を確認するなど，作業には慎重を期するとともに結線後は，正しく結線されているか確認することが，トラブル防止として大切である．

【参考】　関連法令

・電気工事士法第2条（用語の定義）抜粋

3　この法律において「電気工事」とは，一般用電気工作物又は自家用電気工作物を設置し，又は変更する工事をいう．ただし，政令で定める軽微な工事を除く．

・電気工事士法施行令第1条（軽微な工事）抜粋

電気工事士法第2条第3項ただし書きの政令で定める軽微な工事は，次のとおりとする．

一　電圧600 V以下で使用する差込み接続器，ねじ込み接続器，ソケット，ローゼットその他の接続器又は電圧600 V以下で使用するナイフスイッチ，カットアウトスイッチ，スナップスイッチその他の開閉器にコード又はキャブタイヤコードを接続する工事

二　電圧600 V以下で使用する電気機器（配線器具を除く．以下同じ．）又は電圧600 V以下で使用する蓄電池の端子に電線（コード，キャブタイヤコード及びケーブルを含む．以下同じ．）をねじ止めする工事

参考出典
　中部電気保安協会「電気と保安」

CASE.42 コンセントプラグの結線誤り

　コンセントから電気機器へ至る配線には移動用電線を用いることが電気設備技術基準にて定められており，移動用電線にコンセントプラグを取り付けて，電気機器からコンセント間の延長として使用することがある．電気機器には接地工事を要することから，単相・三相用ともに移動用電線に用いるコンセントプラグとして接地極付を用いれば，電気機器接地の施工が容易になる．しかし，コンセントプラグへ移動用電線を結線するとき接地線と電源線の結線誤りを生じれば，負荷電流が漏えい電流として通電することになり，感電や火災が発生するおそれが生じるため，結線には十分注意する必要がある．

　以下に，結線誤りにより生じた漏電発生の事例および結線誤りの防止策などを記述する．

事例1　「おでん」が漏電（単相コンセントプラグの誤結線）

(1) 漏電発生時の状況

　ある日曜日の朝，当協会に設置された絶縁監視装置の受信機より，顧客設備にて大きな漏えい電流の発生を知らせる警報が発報した．顧客に電話連絡して状況を確認したところ，停電の発生はなく，設備にも異常発生は見受けられないとの返答であった．

　しかし，大きな漏えい電流の発生は継続しており，当該顧客はスーパーマーケットであり，多数の方が出入りすることから，感電災害が生じてはならぬと思い現場出向した．

(2) 現場調査の結果

　電灯変圧器のB種接地線にて漏えい電流を測定したところ，12Aの漏

電が発生していた．さっそく，漏電の発生箇所を探査した結果，「おでん」保温器への電源回路に異常が生じていることが判明した．店長に確認したところ，今朝から「おでん」の販売をはじめた．「おでん」コーナーは，コンセントから遠いため延長コード（移動用電線）を使用している．延長コードは，壊れていたため手直しをして使っているが，不具合なく使用しているとのことであった．

顧客からの「延長コードを手直しのうえ使用している」の一言にピン！とひらめいた．「おでん」保温器の負荷電力は，1 200 W であり，負荷電流を計算すると 12 A になることから，先ほど測定した漏えい電流とピッタリ同じであった．「延長コードに原因があるのではないか？」と思い，延長コードを点検したところ，コンセント側の接地線（緑色）と電源線（白色）が誤結線されていた（**第 1 図参照**）．

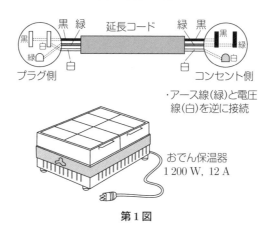

第 1 図

(3) 絶縁監視装置が警報発報した原因

接地線と電源線が誤結線されたことによって「おでん」保温器の負荷電流は，接地線から電灯変圧器の B 種接地線を介するループを形成することになり，B 種接地線に施された零相変流器が漏えい電流として負荷電流を検出したため，絶縁監視装置が警報発報した．

絶縁監視装置の警報発報によって漏電の早期発見ができ，トラブルを未

然防止することができた.

⑷ 防止対策

　誤結線によるトラブル防止のためには，結線後の結線確認を確実に実施することである.

　延長コードのコンセント側にて接地線と電源線が誤結線された場合，負荷電流は接地線から大地を帰路とした通電ループを形成する.

　ゆえに，負荷電流は正規ルートである電源線に通電しないため，感電や火災の危険が生じる.　簡単な作業であるために，結線確認を怠りがちであるが，わずかなミスが思わぬ災害を引き起こすことを念頭におき，確実な作業に努めることが肝心である.

事例2　それでもモータは普通に回転していた（三相コンセントプラグの誤結線）

⑴　現場出向時の状況と漏電発生の原因

　ある顧客の月次点検に出向して，動力変圧器のB種接地線にて漏えい電流を測定したところ機械（製品結束機）の動作音と漏えい電流の発生するタイミングが一致していた.

　ゆえに，漏えい電流の発生原因は，製品結束機（常時監視できる位置にて使用）へ至る配線用遮断器以降の機器側にあると思えた.

　配線用遮断器以降には，4Pコンセントが設置してあり，4Pコンセントからは延長コード（移動用電線）を用いて，製品結束機まで配線されていた.

　延長コードを点検したところ，コンセントの中で電源線（白色）と接地線（緑色）の電線が，誤結線されていた.　漏電の発生原因は誤結線によって，製品結束機の負荷電流が接地線を伝って漏えい電流として流れて，B種接地線へ通電したためであった（**第2図**参照）.

⑵　防止対策

　事例の製品結束機の使用の程度はときどきであり，使用するときは数秒

コンセントプラグの結線誤り

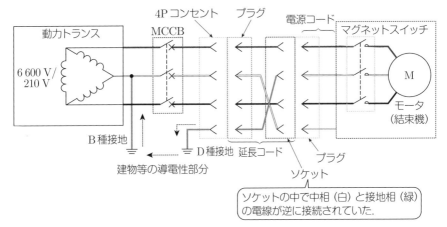

第2図

間モータが稼動する程度であった．また，製品結束機は支障なく使用できており点検時にB種接地線にて，漏えい電流が検出されなければ，誤結線に気付かず感電のおそれが生じていた．

　漏電発生の防止として，施工後の結線確認を実施するほか，絶縁監視装置や漏電遮断器を設置して漏電保護に努めることが大切である．

参考出典
　中部電気保安協会「電気と保安」

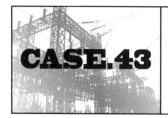

CASE.43 配線不良が招いた電圧降下による不具合事例
─知らず知らずのうちに過負荷─

電気設備には定格が定められており,適正な使用を心掛けることが,電気を安全に使用するため大切なことである.電気設備を定格以上にて使用すれば電路の電圧降下によって,電気機器の使用に支障を来すほか,発熱による火災に至る危険が生じる.

電気設備の不適切な使用から生じた電圧降下により,電気機器の使用に不具合を招いた事例とその防止について,以下に記述する.

事例1　ルータからのSOS

(1) 現場出向時の問診(不具合状況)

ある顧客の月次点検に出向したとき,顧客より「最近,事務所で使用しているパソコンの調子が悪い.パソコンの不具合についてもわかりますか?」と問い合せを受けた.電源の影響による不具合かもしれないと思い,顧客に詳しい事情を尋ねたところ,電子メールやインターネットの使用中に時々,通信ができなくなるが,しばらくすると使用可能になる.事務所内の全パソコンにおいて,同様の通信不能を生じるとのことであった.

(2) 不具合発生の原因調査

不具合発生の状況から,通信が不能になる原因はパソコン本体の故障ではなく,周辺機器にあると思われた.周辺機器には,ネットワークとパソコンのデータ転送を中継する機器であるルータ(**第1図**参照)が使用されており,ルータの電源(AC 100 V)はタコ足配線にて使用されているテーブルタップから供給されていた.テーブルタップからは,冷蔵庫・湯沸しポット・空気清浄器・液晶テレビ・コーヒーメーカ・プリンタおよびルータの7台へ電源供給されていた(**第2図**参照).

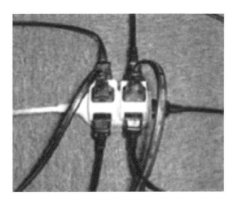

第1図　ルータ　　　　　　第2図　タコ足配線

　ルータが機能停止する原因は電圧低下にあり，電源電圧が95Vを下回ると動作不良を生じる場合があることを製造メーカに確認した．ゆえに，テーブルタップに記録電圧計を設置して，連続9日間の電圧測定を実施した．

(3) **不具合の発生原因**

　電圧測定の結果，テーブルタップでの最小電圧は88.3Vであり，平日・休日・昼夜を問わず，ほぼ60分に1回の割合で95Vを下回る電圧降下が生じていた．

　ルータが機能停止する原因は，テーブルタップから7台の電気機器へ電源供給されており，負荷が使用されるタイミングによっては消費電力が大きくなり，一時的に95Vを下回る電圧降下を生じたためであった．

(4) **防止対策**

　今日の情報化社会において，パソコン通信の停止は損害が生じることから，ルータへの電源は，コンセントから直接供給するように変更した．

　また，タコ足配線による過負荷使用は電圧降下を生じて，機器使用の不具合を招くほか，発熱して出火するおそれが生じる．コンセントや延長コード（テーブルタップ）には，定格容量（許容電流）が決まっている．（一般的には15A・1 500W）電気機器の消費電力やコンセントおよび延

長コードの許容電流を確認して定格容量内で使用することが，災害防止のため大切である．

事例2　蛍光灯のちらつきから不良配線を発見

(1)　不具合発生と原因調査

　ある顧客の年次点検に出向いたとき，作業前の問診にて「事務所内の蛍光灯がちらつくことがある」と伺ったため，作業に入る前に蛍光灯がちらつく原因を調査することにした．

　キュービクル内電灯変圧器の低圧側および事務所内電灯分電盤にて電圧測定したが，いずれも正常であった．蛍光灯がちらつく原因として，負荷使用に伴う電圧変動が考えられたため，蛍光灯に至る配線および使用負荷を調査した．

(2)　不具合の発生原因

　調査の結果，事務所内電灯分電盤から蛍光灯に至る配線は，**第3図**に示すように分電盤内の配線用遮断器（MCCB 2P 20 A）から最初のコンセントまでは，VVFケーブル（許容電流：27 A）にて配線され，その先は平行ビニルコード（許容電流：7 A）にて配線されていた．平行ビニルコード端部のコンセントからはコピー機が使用されており，起動時には1 700 Wの電力を消費していた．コピー機と他の負荷を合算すると平行ビニルコードには，18 A（許容電流の2.6倍）ほどの電流が通電することになり，コピー機を使用したときの線間電圧は，電圧降下により80 Vまで低下していた．

　蛍光灯がちらつく原因は，コピー機を使用したときに生じる電圧降下により，蛍光灯への入力電圧が低下したためであった．

(3)　防止対策

　内線規程（コードおよび移動電線など）には，コードは電球線および移動電線として使用する場合に限るものとし，固定した配線として施設しないことが定められている．

配線不良が招いた電圧降下による不具合事例―知らず知らずのうちに過負荷― 217

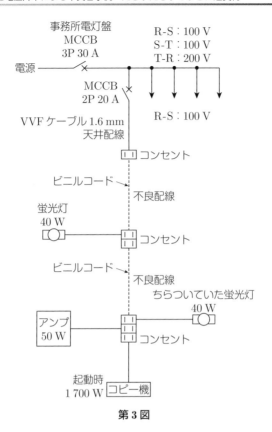

第3図

　平行ビニルコードを屋内配線として使用した場合は，事例のような電圧降下による支障を来すほか，屋内配線用の電線に比べると，許容電流が小さいため屋内配線に用いた場合は，過熱による火災につながるおそれがある．また，被覆が弱いのでステップルなどで固定すると，被覆や心線を損傷させて漏電や短絡の危険が生じる．

　以上のように，平行ビニルコードを屋内配線として使用することは危険であり，正規の屋内配線工事をする必要がある．

参考出典
　中部電気保安協会「電気と保安」

CASE.44 接地(アース)線が原因となった不具合事例

　電気使用機器の外箱には,漏電発生時に人体を保護する目的から接地工事を施すことが,電気設備技術基準にて定められている.しかし,接地工事の施工において,電力線が接地線に沿った状態にて並行配線された場合には,電力線の負荷電流による電磁誘導作用によって,接地線には誘導電流が通電することになり,トラブル発生の要因になる.

　以下に,電力線と接地線の並行配線から生じた,電磁誘導作用による接地線への電流による不具合事例などを記述する.

事例1 接地(アース)線から火花が発生

(1) **不具合発生時の状況**

　ある顧客の電気担当者から「コンプレッサを交換するため,接地線を外した瞬間に接地線から火花が発生した.漏電していると思われるので調査をお願いしたい」との依頼を受けたため現場出向した.

(2) **現場出向による調査結果**

　コンプレッサの絶縁抵抗を測定した結果,20 MΩであり異常はなかったが,コンプレッサに施工された接地線を電流計クランプにて,電流測定したところ18 Aを計測した.コンプレッサには電圧が印加されてなく,接地線にて18 Aの電流が計測された原因は他機器の漏電によると思われたため,三相変圧器のB種接地線にて漏えい電流を測定した.

　この結果,測定値は数十mAであり平常時と変わりなかった.コンプレッサのほか,分電盤等に施工されている接地線にて電流測定したところ,数Aから数十Aが通電していた.

(3) 接地線に通電する電流の発生原因

天井裏に入って電線の配置状況を確認したところ，負荷電流が300 A～400 A通電している単心ケーブルに沿って，接地線が70 mほどにわたりケーブルラック上に配線されていた（**第1図**参照）．

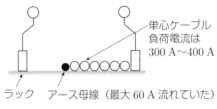

第1図 ラック配線断面図

接地線には最大60 Aほどの電流が通電しており，接地線を単心ケーブルから離隔すると接地線に通電する電流は数 Aに減少した．また，昼休みになって，単心ケーブルの負荷電流が大幅に減少すると接地線に通電する電流はほとんどなくなった．

これらのことから，接地線に電流が通電する原因は，単心ケーブルの負荷電流によって生じる電磁誘導作用に伴う，循環電流によることが判明した（**第2図**参照）．

(4) 防止対策

負荷電流が通電している電線に沿って，接地線を長い区間にわたって配

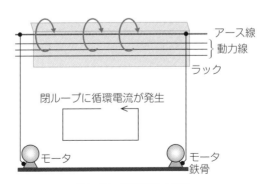

第2図 循環電流の発生

線すると電磁誘導作用によって，閉ループが形成され接地線には電流が通電する．

　電磁誘導作用による接地線への電流発生の防止として，接地線と単心ケーブルは並行配線にならないように分離するとともに，接地線の長さが最短となるよう留意する必要がある．

　また，多点接地による閉ループの形成を避けるために，集中接地として各機器の接地を共用することが望ましい．

事例2　コードプラグ接地線が災いした漏電

(1)　現場点検時の状況

　ある顧客（病院）の月次点検に出向して，診察室内の点検に入ったときのことであった．なにげなく右手が医療機器に触れたところ，しびれを感じた．「気のせいかな」と思いながらもう1度触ってみると，確かにピリピリとした．医療機器を検電すると，やはり検電器は鳴動した．「これは漏電している！」さっそく，看護師に状況を説明して医療機器の使用停止をお願いした．

(2)　漏電の発生原因

　漏電の発生している医療機器の絶縁抵抗を測定するため，医療機器のプラグをコンセントから引き抜こうと手を伸ばしたとき，コンセントとプラグの間に電線（緑色）の入り込みを見つけた（第3図参照）．

　漏電の発生原因は，接地極に取り付けるべき接地線の端子が，コンセントに差し込まれたプラグの刃に接触していたためであった．幸いにして，医療機器の操作パネルとその周辺はプラスチック製であり，操作時に感電は生じなかった．

(3)　防止対策

　事例のようなトラブルの防止としてプラグをコンセントに差し込む場合は，接地線端子が充電部に触れないように留意すること，および接地線端子は接地極へ取り付けるよう，従業員への周知が必要である．

接地（アース）線が原因となった不具合事例

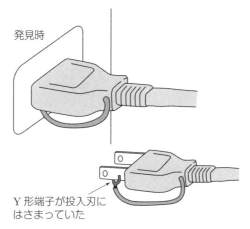

発見時

Y形端子が投入刃に
はさまっていた

第3図

　また，使用電圧100Vの機器を乾燥した場所で使用する場合は，接地工事を施す必要はない．このような場合は接地線を使用する必要がないことから，プラグをコンセントに差し込むときに，誤って接地線がプラグの刃に接触した状態にならないよう，事前に養生を施しておくことが，トラブル防止として必要である．

【参考】　機械器具の金属製外箱等の接地

　電気設備の技術基準の解釈第29条によれば，機械器具が小出力発電設備である燃料電池発電設備である場合を除き，次の各号のいずれかに該当する場合は，接地を省略できるとされている．

- 一　交流の対地電圧が150V以下又は直流の使用電圧が300V以下の機械器具を，乾燥した場所で使用する場合
- 二　低圧用の機械器具を乾燥した木製の床その他これに類する絶縁性のものの上で取り扱うように施設する場合

参考出典
　中部電気保安協会「電気と保安」

CASE.45 感電防止には接地（アース）線の取付けを

電気設備技術基準では，接地工事の種類および施工方法が定められている．しかし，定められた基準どおりに接地工事が施されてなく，かつ機器に絶縁不良が生じた場合は感電のおそれがあり，非常に危険な状態である．電気設備点検では機器の接地状態を確認しており，接地不具合の指摘から感電災害の未然防止に資した事例があり，以下にその内容を記述する．

事例1 なくては困る「接地（アース）線」

(1) 現場出向時の状況

ある顧客（工場）の月次点検に出向したときのことであった．夏を迎えて工場内の気温が上昇してきたため，スポットクーラが設置された．スポットクーラの設置は1台であり，作業箇所が変更になるつど，移動して使用されていた．

従業員にスポットクーラの使用状況を尋ねたところ「あちらこちらへ移動使用しているが，ときどき漏電遮断器が動作して使用できなくなるため困っている．」とのことであった．

(2) ときどき漏電遮断器が動作する原因

スポットクーラからは，ときどきドレン水が漏れ出しており，そのときに，スポットクーラの絶縁不良を生じ，漏電遮断器が動作していた．

(3) 接地付コンセントプラグの使用と感電防止

ⓐ コンセントプラグの使用状況

スポットクーラを移動したときに使用するコンセントを尋ねたところ，使用するコンセントは3箇所であった．使用するコンセントを調査したところ，2種類のコンセントが使用されていた．使用されていたコンセント

は**第1図**に示すように，接地（アース）極付の3極コンセントと接地極なしの2極コンセントであった．

スポットクーラのプラグは3極であることから，コンセント（2極）に差し込めないため，接地極なしの2極コンセントを使用する場合は，接地極なし2極の変換プラグが用いられていた（第1図参照）．

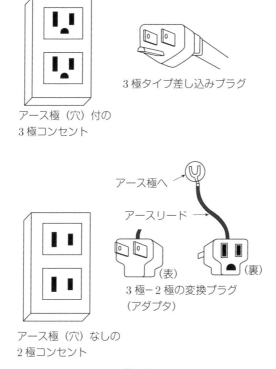

第1図

(b) **感電防止**

接地極なし2極の変換プラグを用いてコンセント（2極）を使用している場合は，スポットクーラ外箱には接地が施されず，スポットクーラに絶縁不良を生じても，漏電遮断器は動作せず，感電のおそれが生じる．

絶縁不良が生じたスポットクーラを修理していただくとともに，この工場の床はコンクリートであり，かつ使用場所には水気があることから感電

災害を防止するため，コンセントを2極から3極（接地極付）へ変更して，スポットクーラに接地が施された状態にて使用するよう依頼した．

事例2　接地（アース）手直しのあとで漏電を発見

(1)　現場出向時の状況

ある顧客（工場）の年次点検（停電点検）に出向したときのことであった．使用場所設備にて接地（アース）が施されてない機械（研削機）を見受けたため，手直しとして機械に接地工事を施した．年次点検が終了して工場の操業を開始したところ，従業員から稼動しない機械が1台あると申し出を受けた．

(2)　機械が稼動しなくなった原因

工場の分電盤内を調査したところ，1回路の漏電遮断器が動作（遮断）していた．漏電遮断器以降の絶縁抵抗を測定した結果，20 MΩと異常はなく漏電遮断器を投入したが，1分後に再び漏電遮断器が動作した．

先ほど接地工事を施した機械（研削機）は，動作した漏電遮断器の保護範囲内にあり，漏電遮断器の動作に原因しているかもしれないと思われた．従業員に尋ねたところ，機械が稼動しなくなったのは，機械（研削機）を起動するため押ボタンスイッチを押した直後であることがわかった．機械（研削機）の電磁開閉器以降の絶縁抵抗を測定したところ，0.01 MΩであり絶縁不良を生じていた．

機械が稼動しなくなった原因は，電磁開閉器以降にて絶縁不良を生じていたことから，押ボタンの押下による電磁開閉器の投入とともに，漏電発生になり漏電遮断器が動作（遮断）したためであった．

(3)　感電災害の未然防止として

絶縁不良を生じた機械に接地工事が施されず使用された場合は，感電災害を生じるおそれがあり，非常に危険な状態にある．事例では，機械（研削機）に接地工事を施したことから漏電遮断器の動作に至り，機械の絶縁不良が判明して感電災害の未然防止に資することができた．漏電による感

電・火災の未然防止には，電気設備技術基準を遵守した設計・施工として，機械外箱への接地工事の施工および漏電遮断器の設置が必要である．

【参考】 感電よる人体への影響

　低圧設備においても感電により，人体へ電流が通過するおそれが生じる．人体へ電流が流れたとき電流の大きさ，通過する時間および通過経路（通電経路に心臓があると危険）によっては，人体への影響は「ピリッと」感じる程度から，火傷，死亡に至るまで重大な結果を及ぼす．**第1表**に感電による通過電流値と人体への影響を示す．

第1表　通過電流値と人体への影響

通過電流値	人体への影響
0.5 mA ～ 1 mA	「ピリッと」感じる． 人体に危険性なし．
5 mA	人体に悪影響を及ぼさない最大の許容電流値． 相応の痛みを感じる．
10 mA ～ 20 mA	持続して筋肉の収縮が起こり，握った電線を離すことができなくなる．
50 mA	呼吸器系統への影響あり． 人体構造損傷や心肺停止の可能性もあり．
100 mA	心肺停止，極めて危険な状態．

参考出典
(1)　中部電気保安協会「電気と保安」
(2)　厚生労働省　「職場のあんぜんサイト」http://anzeninfo.mhlw.go.jp/

CASE.46 アーク溶接機の配線不備から発熱・火花が発生

　アーク溶接は放電現象（アーク放電）を利用して，電気エネルギーを熱に変換する手法であり溶接速度が早く，作業能率が良いなどの利点があることから広く利用されている．しかし，アーク溶接機では，アーク放電による溶接電流を溶接用ケーブルや鉄骨等を介した電流ループにより通電しているが，電流ループに不具合が生じている場合は，発熱や感電等の原因になる．以下に，溶接機の設置時における不完全施工から，電流ループにて発熱や火花が生じた事例や防止策などを記述する．

事例1　漏えい電流は溶接機の帰路不良から

(1)　点検時に建物側壁トタンの発熱を発見

　ある顧客（鉄工所）の月次点検に出向したときのことであった．点検のため鉄工所内へ入ったところ，焦げた臭いが漂ってきた．電気設備に異常が生じたおそれがあると思えたため，さっそく，鉄工所内の目視点検を開始した．点検のためアーク溶接機のところへ来たとき，建物の側壁トタンの一部が変色しており，かつトタンを支持している木材柱の焦げを見つけた．側壁トタンの変色箇所に触れてみると熱を帯びていたことから，漏電が生じていると直感した．

(2)　溶接変圧器二次側の配線状態

　溶接変圧器の二次側配線を点検したところ溶接変圧器から溶接電極（溶接棒ホルダ）に至る部分は，溶接用ケーブルにて正規使用されていた．しかし，溶接変圧器から定盤に至る配線の接続箇所（定盤側）では，溶接用ケーブル（素線数：7本）の心線3本のみを折り曲げて定盤に引掛けた状態にて使用されていた．また，定盤は建物側壁トタンに接触しており，ト

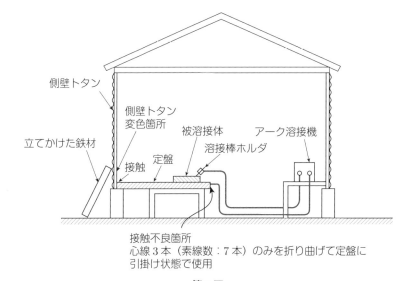

第1図

タンには鉄材が立てかけてあった（**第1図**参照）．

(3) 建物側壁トタンの発熱原因

溶接変圧器二次側配線のうち，定盤への接続は(2)のような使用状態にあったことから，溶接用ケーブルと定盤の接続箇所では接触不良を生じていた．ゆえに，溶接時の電流は溶接棒ホルダから定盤を介して，建物側壁トタンを通じて鉄材に流れたのち，大地を伝って溶接機二次側へ帰路する電流ループを形成した．溶接電流の通電によって，定盤と側壁トタンの接触箇所および側壁トタンと鉄材の接触箇所では，接触抵抗による発熱が生じて，側壁トタンに発熱が生じる原因になった．

(4) 防止対策

事例に示すよう，溶接変圧器二次側配線が不完全である場合は，溶接電流による発熱・発火のほか，感電のおそれが生じるため危険な状態にある．

溶接変圧器二次側配線には，溶接用ケーブルを用いることおよび被溶接材またはこれと電気的に接続されている持具，定盤等の金属体にはD種接地工事を施すことが，電気設備技術基準にて定められており，トラブル

防止として必要である（第2図参照）．

可搬形の溶接機は移動して使用する場合があることから，移動後の溶接機配線は確実に施工するように，心がけることが大切である．

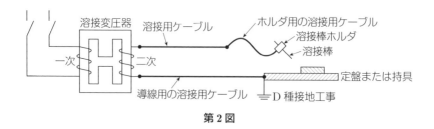

第2図

事例2　アーク溶接機定盤付近から火花が発生

(1) 溶接変圧器二次側の配線状況

月次点検に出向して点検前の問診にて，顧客に設備の使用状況などを伺ったところ，「溶接用定盤付近から火花が生じる」旨の報告を受けた．火花が生じる原因を究明するため，さっそく，溶接用定盤付近から点検を開始した．

点検したところ溶接変圧器二次側電路のうち，溶接変圧器から溶接電極（溶接棒ホルダ）に至る部分は，溶接用ケーブルにて正規配線されていたが，溶接変圧器から定盤に至るまでの電路は建物鉄骨を使用されており，溶接用ケーブルは使用されていなかった．ゆえに，火花の発生は，溶接用ケーブルの使用されていない建物鉄骨を電路とする間にて生じたと思われるため，鉄骨電路の点検を重点的に行うとした．

点検の結果，鉄骨電路には第3図に示すように，溶接電流の通電ループとして接触が不完全である箇所を見受けた．

(2) 火花の発生原因

当該事例では，溶接変圧器から定盤に至る電路は，建物鉄骨を使用しており，溶接電流の通電ループとして接触の不完全な箇所が生じていたため，溶接電流は以下のように2箇所のループに分かれて通電した．

・溶接電流の通電ルート（第3図参照）
　① 鉄骨の不完全接触部を通電する電流
　② 鉄骨と大地間の抵抗（R_x）から定盤の第D種接地抵抗（R_D）を経由して定盤を通り，ハンマを通じて鉄骨へ帰る電流

以上のように，溶接電流は置きざらしになったハンマを介して通電することから，ハンマと定盤の接触箇所にて，溶接電流の通電に伴う火花が発生した．

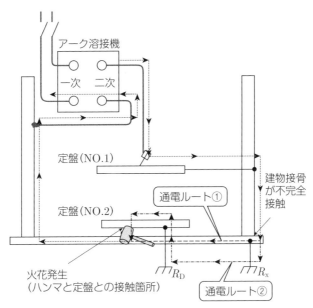

第3図

(3) 防止対策

　電気設備技術基準によれば，アーク溶接装置の施設として電気的に完全，かつ堅ろうに接続された鉄骨等においては，溶接変圧器から被溶接材（定盤または持具）に至る部分の電路として使用できることが定められている．しかし，当該事例では，建物鉄骨に不完全接触部が生じており，溶接電路にて火花が生じる要因になった．

　溶接変圧器から被溶接材（定盤または持具）に至る部分の電路として鉄

骨を利用する場合は，溶接電路にて不完全接触部が生じてないことを確認するとともに，不完全接触部を見受けた場合は，電気設備技術基準にて定められた溶接用ケーブル等を用いることが，トラブル防止として必要である．

【参考】 交流アーク溶接機用自動電撃防止装置

アーク溶接機作業による電撃災害は，溶接作業休止時の溶接機出力（二次）側の無負荷電圧の高さに起因することが多い．交流アーク溶接機の二次無負荷電圧は，JIS C 9300-1（アーク溶接装置–第1部：アーク溶接電源）で，安全を考慮して定格出力500 A のものが95 V 以下，300 A および400 A のものが85 V 以下と規定されている．しかし，この無負荷電圧でも電撃の危険性が高いため，溶接機のアーク発生を停止させたとき，溶接棒と被溶接物との間の無負荷電圧を低減させて電撃災害を防止する装置が"交流アーク溶接機用自動電撃防止装置"（以下，電撃防止装置という）である．

交流アーク溶接機用自動電撃防止装置構造規格では，溶接アークを停止させたとき溶接棒と被溶接物間の無負荷電圧を自動的に1.5 秒以内で，30 V 以下でなければならないとしている（ただし，JIS ではアークを停止してから25 V 以下の安全電圧となるまでの遅動時間を1.0 ± 0.3 秒と規定）．

(1) 電撃防止装置の構造概要

電撃防止装置の構造概要は**第4図**のようであり，アークを停止させると

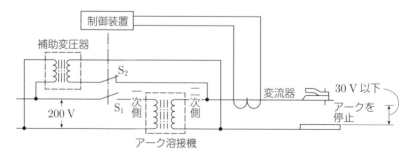

第4図 電撃防止装置の構造概要（アーク停止時）

制御装置の働きによって，約1秒後（交流アーク溶接機用自動電撃防止構造規格では最長1.5秒）にS_1が開き（S_2が閉じ），溶接棒と母材間の電圧を30V以下とする．

(2) 電撃防止装置の使用義務

労働安全衛生規則第332条および第648条において，以下の場所・条件下では電撃防止装置の使用義務が定められている．

① 船舶の二重底もしくはピークタンクの内部，ボイラの銅もしくはドームの内部等，導電体に囲まれた場所で，著しく狭あいなところ

② 墜落の危険がある高さ2m以上の場所で，鉄骨等導電性の高い設置物に作業者が接触するおそれがあるところ

参考出典
(1) 経済産業省商務流通保安グループ編「電気設備の技術基準（省令及び解釈）の解説」日本電気協会，2014
(2) 中部電気保安協会「電気と保安」
(3) 「アーク溶接作業の安全と衛生」日本溶接協会溶接情報センター，WE-COMマガジン第5号，2012.7

CASE.47 施工不備が招いたトラブル事例

　設備や装置にて生じる故障については，経年劣化に伴い生じる摩耗故障期および使用を開始して間もない初期故障期の故障率が他の期間と比べて高いことが，バスタブ曲線（故障率曲線）によって示されている．電気設備においても故障防止に資するためには，故障率の高い摩耗故障期のほか，初期故障期にて生じる障害発生にも注意を払った点検を心がける必要がある．以下に，初期故障期にて生じたトラブル事例や防止策などを記述する．

事例1　施工不備により電灯分電盤内が発熱

(1)　故障発生時の状況

　ある夜間のことであった．オープンして間もないスーパーマーケットより「電灯分電盤内の配線用遮断器が，ときどき動作（遮断）するため調査してほしい」旨の電話連絡を受けたため，さっそく現場出向した．

(2)　現場調査時の様子

　当該の電灯分電盤内を調査したところ，動作した配線用遮断器は主幹スイッチであり，分岐の配線用遮断器からは照明やコンセントへ電力供給されていた．分岐の配線用遮断器に動作（遮断）は生じていなかったが，主幹スイッチ電源側の銅バーには変色が生じており，かつ端子台の一部には溶損した痕跡が生じていた．また，銅バーの連結ねじの裏側から褐色のせん光と異常音の発生を確認したため，停電して点検を行うこととした．

(3)　銅バーの変色と端子台溶損および配線用遮断器動作の原因

　銅バーを外して締付状態を確認したところ，銅バーの接続部にて重なり合う銅バーが入れ違って使用されており，ねじタップを有する銅バーが上

側にあり，ねじタップを有しない丸穴の銅バーを下側として施工されていた（**第1図**参照）．ゆえに，接続部にて重なり合う2枚の銅バーを連結ねじで締め付けることができず，接触不良を生じて負荷電流の通電に伴い発熱を生じた．

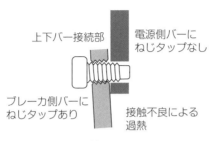

第1図

　負荷使用に伴う発熱の継続によって，銅バーは増々熱を帯びていき，銅バーの変色および端子台の溶損に至った．なお，動作（遮断）した配線用遮断器の過電流引外し機構は熱動（バイメタル）式であり，銅バーに帯びた熱が配線用遮断器に伝わりバイメタルが作動して，配線用遮断器の動作に至ったと判断した．銅バーを**第2図**に示すよう正規状態に手直し後，負荷使用を再開したが，銅バーの発熱および配線用遮断器の動作はなく正常に使用できた．また，他の分電盤についても銅バーの接続状態を調査する

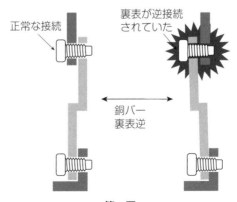

第2図

とした.

(4) 故障の未然防止として

今回の障害事例は，分電盤の製造過程における施工誤りが原因であり，電気設備に生じるトラブルは，老朽化した古い設備のみに生じるとは限らない．バスタブ曲線の初期故障期に示されるよう，製品の製造過程で生じた欠陥や工事の施工不良から設備の開始後にトラブルを招くことがある．

初期故障から生じるトラブルの未然防止として，設備竣工後の点検では端子類の締付けや開閉器具の取付け状況など，注意を払う必要がある．

事例 2　無理なケーブル工事は漏電のもと

(1) 漏電発生の状況

ある顧客（織物工場）の月次点検に出向したときのことであった．キュービクル内動力用変圧器の B 種接地線にて漏えい電流を測定したところ，前回の点検時には 10 mA ほどであった漏えい電流が，8 A ほどに急増していた．変圧器負荷側にて漏電の発生電路を探査したところ，漏電の発生は工場の生産ライン送り回線以降であることが判明した．

工場内の生産ライン分電盤からは制御盤へ配線されており，生産ライン分電盤から制御盤への送り回線に漏えい電流は生じていたが，制御盤内以降の漏えい電流は数 mA ほどであったことから，漏電の発生は生産ライン分電盤から制御盤に至る電路にて生じていると判断した．

(2) 漏電の発生箇所

漏電の発生箇所を見極めるため，生産ライン分電盤から制御盤に至るケーブル経路（床下のケーブルダクト）の施工状態を確認するとした．

最初に制御盤直下のチェッカプレートをめくったところ，チェッカプレートを載せてある鉄材が，発熱して褐色に染まっていた．

分電盤から制御盤へ至るケーブル被覆が，湾曲して鉄材へ食い込んでおり，漏電の発生箇所であることが判明した（**第3図**参照）.

さっそく，漏電防止のため，損傷したケーブルの修理を依頼した．

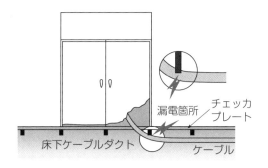

第3図

(3) **漏電の発生原因**

　漏電の発生原因は，長さに余裕がないケーブルを無理に引っ張って施工したことから，制御盤へ至る湾曲部分にて鉄材に食い込み，機械の稼動に伴う振動から，ついにはケーブルの心線が鉄材に接触したためであると推断した．

(4) **漏電の早期発見と故障の未然防止**

　事例に示す漏電発生は，ケーブルの施工不備が原因している．隠ぺい箇所では，点検時において施工不備を発見できない．しかし，施工不備の状態にて使用を継続すれば，発熱・発火や感電を生じるおそれがあり，惨事を招きかねない．

　漏電の早期発見と故障の未然防止には，漏電遮断器の設置や絶縁監視装置の設置による常時監視が必要である．

参考出典
(1) 電気学会通信教育会：「電気設備の診断技術」電気学会，1988
(2) 中部電気保安協会「電気と保安」

索　引

ーアー

アーキング地絡 ······························ CASE.9
アーク溶接機 ····························· CASE.46
亜酸化銅増殖発熱現象 ············· CASE.37
油入変圧器 ··············· CASE.4,19, 20, 21

ーイー

異相地絡故障 ····························· CASE.1

ーエー

SOG ··· CASE.1
SO 動作 ······································· CASE.1

ーオー

温度上昇試験 ··························· CASE.25

ーカー

過電流継電器（OCR）············ CASE.1,14
乾燥帯（ドライバンド）······· CASE.16,17
貫通トリー ································· CASE.11

ーキー

キャブタイヤケーブル ············· CASE.40
共振現象 ··································· CASE.22

ークー

区分開閉器 ································· CASE.9

ーケー

蛍光灯のちらつき ····················· CASE.43
軽微な工事 ······························· CASE.41
結線誤り ················· CASE.38,40,41,42
限流ヒューズ ····························· CASE.18

ーコー

高圧交流負荷開閉器（LBS）
　·· CASE.16,18
高圧 CV ケーブル ··· CASE.7,8,9,10,11,13
高圧 CVT ケーブル ····················· CASE.12
高圧真空遮断器（VCB）····· CASE.9,14,15
高圧地絡故障判別装置··········· CASE.3,4,5
高圧電流計切換カムスイッチ ····· CASE.14
高圧電路の絶縁監視 ··········· CASE.3,4,5
更新推奨時期········· CASE.0,8,10,18,24,37
高調波 ································· CASE.22,23
交流アーク溶接機用自動電撃防止装置
　（電撃防止装置）················· CASE.46
交流破壊電圧 ····················· CASE.11
誤不動作 ··························· CASE.6,9
コンセントプラグ ················· CASE.44,45

ーシー

遮水効果 ··································· CASE.8
遮へい銅テープの腐食破断 ······· CASE.10
小電流遮断 ····························· CASE.18
じんあい ··········· CASE.1,13,14,16,24,26

ースー

ストレスコーン ····················· CASE.12,13
スラッジ ··································· CASE.4

ーセー

施工不備 ································· CASE.47
絶縁破壊 ····· CASE.1,7,8,9,10,11,12,13,19
絶縁監視装置 ········· CASE.28,30,40,42,47
絶縁抵抗測定
　····· CASE.0,7,22,28,29,30,32,33,34,40
接触抵抗試験···························· CASE.25
接触抵抗測定···························· CASE.24
接触不良 ·· CASE.14,21,24,25,36,37,46,47

－タ－

大電流漏電 ················ CASE.34
多回路漏電探査器 ········ CASE.34
タコ足配線 ··············· CASE.43
他物接触対策 ············· CASE.0
tanδ測定 ················· CASE.7,11
単相3線式開閉器 ········· CASE.36
短絡故障 ················· CASE.26,35

－チ－

柱上気中開閉器（PAS） ········· CASE.1,9
中性線欠相 ··············· CASE.36
超音波式部分放電探査器（ウルトラホン）
················· CASE.13
直流漏れ電流測定 ········· CASE.7,11
直列リアクトル ··········· CASE.22,23
地絡継電器（GR）
················· CASE.1,3,4,5,6,9,12,16
地絡方向継電器（DGR） ····· CASE.1,4

－ツ－

通過電流値 ··············· CASE.45
通電電流試験 ············· CASE.25

－テ－

テーブルタップ ··········· CASE.43
低圧避雷器 ··············· CASE.33
電圧異常 ················· CASE.36
電圧上昇抑制機能 ········· CASE.27
電磁開閉器 ··············· CASE.37,45
電磁誘導作用 ············· CASE.44
電線支持物 ··············· CASE.17
電動機用過負荷保護装置 ········· CASE.37

－ト－

投入コイル ··············· CASE.15
トラッキング（炭化導電路）
················· CASE.1,13,16,17,26,35

－ネ－

熱動継電器（サーマルリレー）
················· CASE.37,41

－ハ－

配線用遮断器（MCCB） ····· CASE.24,25,
26,28,33,35,36,39,42,43,47
波及事故 ················· CASE.0,1,6,9
はっ水性 ················· CASE.16

－ヒ－

B種接地線 ······ CASE.30,31,33,34,38,39,
40,41,42,44,47
引き込み現象 ············· CASE.23
微小地絡 ················· CASE.3,5
ヒューズエレメント ········ CASE.18

－フ－

VVFケーブル ············· CASE.31,43
腐食断線 ················· CASE.2
不必要動作 ··············· CASE.6
不要配線 ················· CASE.34
フルフラール生成量 ········ CASE.19,20

－ヘ－

平均重合度 ··············· CASE.19,20
平行ビニルコード ········· CASE.35,43

－ミ－

未貫通トリー ············· CASE.11
未然検出 ················· CASE.5,11
未然防止対策 ············· CASE.0
水トリー ··············· CASE.7,8,9,10,11

－ユ－

油中ガス分析 ············· CASE.19,20,21

－ヨ－

溶融痕 ················· CASE.21

ーラー

雷害対策 ……………………………… CASE.0

ーリー

リークキャッチャー ………………… CASE.40
リーク痕跡 …………………………… CASE.1,7

ーレー

レイヤショート ……………………… CASE.19,20

ーロー

漏電記録計 …………………………… CASE.28
漏電警報機 …………………… CASE.28,31,39
漏電遮断器（ELCB）…… CASE.28,29,30,
31,32,33,34,36,37,42,45,47

©一般財団法人中部電気保安協会 2017

自家用電気工作物のトラブル防止対策事例

2017年10月18日　第1版第1刷発行

著　　者　　一般財団法人中部電気保安協会
発 行 者　　田　中　久　喜
発 行 所
株式会社 電 気 書 院
ホームページ　www.denkishoin.co.jp
（振替口座　00190-5-18837）
〒101-0051　東京都千代田区神田神保町1-3 ミヤタビル2F
電話(03)5259-9160／FAX(03)5259-9162

印刷　中央精版印刷株式会社
Printed in Japan／ISBN978-4-485-66550-3

- 落丁・乱丁の際は，送料弊社負担にてお取り替えいたします.
- 正誤のお問合せにつきましては，書名・版刷を明記の上，編集部宛に郵送・FAX（03-5259-9162）いただくか，当社ホームページの「お問い合わせ」をご利用ください. 電話での質問はお受けできません. また，正誤以外の詳細な解説・受験指導は行っておりません.

JCOPY 〈㈳出版者著作権管理機構 委託出版物〉

本書の無断複写（電子化含む）は著作権法上での例外を除き禁じられています. 複写される場合は，そのつど事前に，㈳出版者著作権管理機構（電話: 03-3513-6969, FAX: 03-3513-6979, e-mail: info@jcopy.or.jp）の許諾を得てください. また本書を代行業者等の第三者に依頼してスキャンやデジタル化することは，たとえ個人や家庭内での利用であっても一切認められません.